Die Entdeckung des Lebens

Rudolf Hausmann

Die Entdeckung des Lebens

Wege und Irrwege großer Forscher

Einbandgestaltung: Peter Lohse, Büttelborn
Einbandnachweis: Collage/Fotographie einer Jungpflanze im Laubwald;
© Karl Gottfried Vock/OKAPIA

Die Herausgabe dieses Werks wurde durch die Vereinsmitglieder
der WBG ermöglicht
Layout, Satz und Prepress: schreiberVIS, Seeheim
in Zusammenarbeit mit Thurid Wadewitz
Gedruckt auf säurefreiem und alterungsbeständigem Papier
Printed in Germany

Besuchen Sie uns im Internet: www.wbg-wissenverbindet.de

ISBN 978-3-534-22141-7

Grau, teurer Freund,
ist alle Theorie

Und grün
des Lebens goldner Baum

Johann Wolfgang Goethe, *Faust*

In einer Gravur aus dem 16. Jahrhundert wird hier – wie wir es heute formulieren würden – die Wirkung der Umwelt auf die Gene dargestellt: Die Früchte, die ins Wasser fallen, werden zu Fischen, diejenigen, die auf die Erde fallen, werden zu Vögeln.

Wir alle sind es gewohnt, die Bilder mit der Evolutionsreihe ... Affe, Australopithecus, Homo habilis, Neanderthaler, Homo sapiens ... zu betrachten, wobei letzterer immer als Höhlenbewohner männlichen Geschlechts mit Steinbeil oder Spieß dargestellt wird. Gehört nicht auch die Frau zur „Krone der Schöpfung"?

Inhalt

Vorwort

Im Laufe der Entwicklung der Menschheit müssen unsere Vorfahren – ob tierische oder menschliche – damit angefangen haben, sich zu fragen, was es bedeutet, Nachwuchs zu bekommen. Dies war die erste genetische Fragestellung, und es dauerte noch Jahrtausende, bis die erste, praktisch gesehen vielleicht wichtigste Entdeckung der Genetik gelang: die Aufklärung des Kausalzusammenhangs zwischen Geschlechtsverkehr und Schwangerschaft. Diese Erkenntnis ist den frühen Menschen sicherlich nicht ohne Weiteres in den Schoß gefallen – es gibt heute noch Naturvölker, denen sie fehlt. Wann und wie diese Einsicht entstanden ist, lässt sich nur ausmalen. Vorstellbar ist, dass die Anfänge der Tierhaltung Anlass zu entsprechenden Beobachtungen gaben. Die Bedeutung des Zeugungsaktes war jedenfalls schon in allen frühen Kulturvölkern, zum Beispiel bei den Ägyptern, Assyrern, Chinesen, Indern bekannt.

So richtig der elementare Sachverhalt auch durchschaut worden war, so phantastisch blieben aber die Deutungen und Erklärungen des Zeugungsmechanismus und der Geschlechtsbestimmung. So war es im alten China die rechte Niere, die bei Frau und Mann den Samen mit den Zeugungskräften von Yang (männlich, Prinzip des Feuers) und Yin (weiblich, Prinzip des Wassers) lieferte, während in Indien allein die alles umfassende Weltseele für die Zeugung ausschlaggebend war.

Der folgende Text umfasst nur die geschichtlich dokumentierte Zeit seit der Antike und beschränkt sich im Wesentlichen auf rationale Ideen, die zur Erarbeitung des heutigen wissenschaftlichen Weltbildes beigetragen haben. In Form von fünfzig biographischen Streifzügen zu historischen Figuren versuche ich zu skizzieren, wie unsere Gedanken zur Vererbung sich im Laufe der Jahrhunderte entwickelt haben. Es ist eine wissenschaftsjournalistische Darstellung historischer Fakten, geprägt durch subjektive Entscheidungen. So die Zahl Fünfzig – warum nicht Hundert? So auch die Auswahl der Persönlichkeiten – warum ist zum Beispiel der Naturforscher und Prediger John Ray nicht dabei? Ganz willkürlich waren diese Entscheidungen allerdings nicht. Mit den fünfzig Kurzporträts und den damit behandelten Themen glaube ich ein genauso treffendes

Bild der geschichtlichen Entwicklung entwerfen zu können wie mit möglicherweise ermüdenden weiteren Beispielen. Und bei der Auswahl einer Persönlichkeit war entscheidend, ob sich mit ihr eine interessante Entwicklung anschaulich beschreiben ließ.

Der rote Faden liegt wohl darin, zu zeigen, wie schwer es die Naturwissenschaft, besonders die Biologie im Laufe der Jahrhunderte hatte, sich gegen Irrationalität und Aberglaube durchzusetzen und wie sehr jeder Mensch ein Kind seiner Zeit ist – auch wir, heute.

Thales

Thales von Milet
Geboren um 624 v. Chr. in Milet, gestorben um 546 v. Chr. in Milet.

Die Griechen der Blütezeit sahen in Thales den Begründer der Wissenschaft; er war der erste der sieben Weisen der Antike.

Thales von Milet ist wohl der erste Denker, der ein uns überliefertes, rational anmutendes Weltbild aufgebaut hat. Denn die Wiege naturphilosophischen Denkens (d. h. Naturbetrachtung ohne Götter, Dämonen und Aberglaube) lag – so vermuten wir gerne – in der griechischen Antike. Diese Ansicht mag zutreffen. Doch ist sie vielleicht nur auf unser mangelhaftes Wissen über die früheren östlichen Kulturen zurückzuführen – ein Verdacht, der sich aufdrängt, einerseits durch die verblüffende Übereinstimmung von Ideen der Griechen mit älteren ägyptischen, persischen und indischen Vorstellungen, andererseits durch die Orientreisen vieler griechisch-ionischer Naturphilosophen. Solche Einflüsse finden sich zum Beispiel bei Thales von Milet von der ionischen Westküste der heutigen Türkei. Thales war ein angesehener, vielgereister Philosoph, Kaufmann und Politiker, konnte aber vermutlich weder lesen noch schreiben, so dass von ihm keinerlei Aufzeichnungen bekannt sind.

Seine Ideen wurden von seinen Schülern wie Anaximander oder Heraklit („Wir verstehen nur das, dessen Ursprung wir auch kennen!") aufgegriffen, und es bildete sich das, was wir heute als ‚ionische Schule' bezeichnen.

2 Anaximander

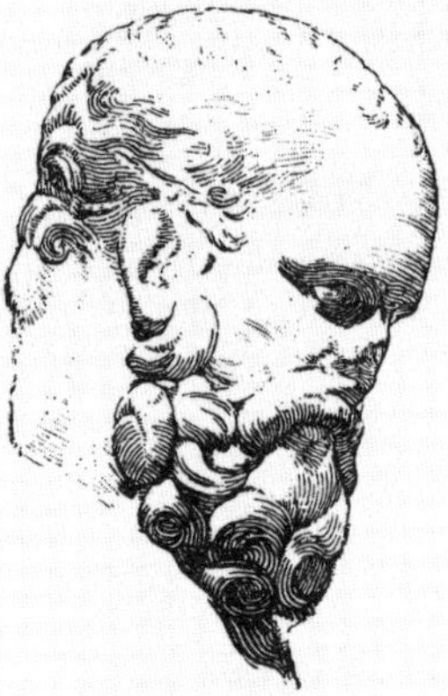

Anaximander
Geboren um 610 v. Chr. in Milet,
gestorben um 542 v. Chr. in Milet.

Das chaotische Gemisch von Wasser, Erde, Luft und Feuer musste sich aufgrund der Wirkung elementarer Kräfte langsam aufgetrennt haben. Hitze und Wasser führten zur Bildung von Kondensaten, die sich schließlich in Fische verwandelten, von denen einige das Meer verließen, sich zu Tieren des Festlandes und dann auch zum Menschen entwickelten ...

Anaximander, der sich das ausgedacht hatte, grübelte weiter: Die vier Elemente, die Grundbausteine der Materie ... – es war wohl richtig, was sein Mentor, Thales, verkündet hatte. Aber wo lag der Ursprung dieser vier Elemente? Thales' Idee, dass der eigentliche Urstoff das Wasser sei, aus dem die anderen drei, Feuer, Erde und Luft, hervorgegangen seien, schien Anaximander unlogisch – warum soll eines dieser vier Elemente wichtiger sein als die anderen? Nein, alle vier mussten aus einem noch fundamentaleren Urstoff hervorgegangen sein: *apeiron*. (Anaximander konnte nicht ahnen, dass sein schwer zu definierender Begriff – *apeiron*, das Grenzenlose, Immerwährende, zu dem auch alles wieder zurückkehren würde – nach zweieinhalb Jahrtausenden viele Altphilologen immer noch zu ehrfürchtigem Nachdenken verleiten würde.)

Aber ansonsten, davon war Anaximander überzeugt, war Thales' Grundidee richtig, dass nämlich blinde Naturkräfte das gesamte Weltgeschehen bestimmen – wenn auch das Volk, wie in der Vergangenheit auch in der Zukunft, seinen Göttern und Mythen huldigen würde.

Milet wurde 494 v. Chr. von den Persern zerstört, und dies war das Ende der ionischen Schule. Doch ihre Ideen der Suche nach einem rationalen Weltbild waren inzwischen schon auf dem griechischen Festland und in den griechischen Kolonien in Süditalien verbreitet; sie lebten weiter, mit immer neuen Einzelheiten und Spitzfindigkeiten, wie zum Beispiel im Werk von Alkmaion.

3 Alkmaion

(6. Jhd. v. Chr.)

Der menschliche Samen musste ein Teil des Gehirns sein. Dies war die logische Schlussfolgerung des Anatomen Alkmaion von Kroton – ein erster Versuch einer rationalen Antwort auf eine konkrete Frage zum Zeugungs- und Vererbungsmechanismus. Alkmaion, im 6. Jahrhundert v. Chr. in Kroton, im heutigen Apulien geboren, hatte viele Tierversuche durchgeführt. Er entdeckte durch Vivisektion die Einmündung der von den Sinnesorganen ausgehenden Nervenstränge in das Gehirn und erkannte dieses als Zentralorgan der Sinneswahrnehmungen. Da der Samenerguss mit einem starken Sinnesreiz verbunden ist und der Samen, ähnlich der Gehirnsubstanz, weißlich ist – nicht rot wie Fleisch und Blut –, erschien es ihm logisch, den Samen als eine Art verflüssigte Gehirnmasse zu betrachten.

Die Idee der zerebralen Herkunft des Spermas wurde später präzisiert – laut Hippon von Rhegion, im 5. Jahrhundert v. Chr., stammte der Samen aus dem Rückenmark – und erweitert: Der Samen komme aus allen Organen – so lautete die Pangenesis-Theorie. Nach dieser Lehre, zuerst vertreten von Demokrit, dem Vater des Atom-Gedankens, sondert jedes Organ allerkleinste Teilchen ins Blut ab – Teilchen mit der potentiellen Fähigkeit, das Organ ihrer Herkunft wieder zu rekonstruieren. Diese Teilchen werden in Keimdrüsen aus dem Blut herausgefischt und in die Samenflüssigkeit abgegeben. Geschlechtsorgane sind also Filter, Siebe, die die Keimkörnchen sammeln und konzentrieren. In der Gebärmutter angelangt, mischen sich die Körnchen männlichen und weiblichen Ursprungs und strukturieren sich harmonisch zum Fötus. Jedenfalls bei Gesunden … Liegt eine Krankheit vor, zum Beispiel der Leber, färbt dies auf die entsprechenden Keimkörnchen ab und führt zu einer disharmonischen Entwicklung; der so Gezeugte wird zu Leberleiden neigen. (Charles Darwin, wie wir noch sehen werden, war auch ein Vertreter der Pangenesis-Theorie; er nannte die von den Organen abgesonderten Keimkörnchen „gemules" – kleine Juwelen.) Implizit postulierte die Pangenesis-Theorie die Vererbung erworbener Eigenschaften. Verständlicherweise war dies von besonderer Bedeutung für den Mediziner Hippokrates.

4 Hippokrates

Hippokrates
Geboren 460 v. Chr. auf Kos (ägäische Insel). Seine Familie hatte die Würde des Magiers erblich im Besitz und führte ihren Ursprung auf Äskulap, den Gott der Heilkunde, zurück. In seiner Jugend reiste Hippokrates nach Ägypten, um sich in der Heilkunst zu bilden. Er lehrte dann an vielen Orten, auch in Athen. Gründete auf Kos eine eigene medizinische Schule mit dem Grundsatz: Der Arzt soll so wenig wie möglich in den Heilungsprozess der Natur eingreifen. Gestorben in Larissa (Thessalien) um 370 v. Chr.

Warum Körnchen? Warum nicht Säfte? Blut, Galle, Schleim und Wasser, das waren die vier fundamentalen Säfte, deren richtiges Zusammenwirken unentbehrlich für die Aufrechterhaltung der Gesundheit war und deren Dysfunktion zu den verschiedenen Krankheiten führte. Davon war Hippokrates, der Stammvater der Medizin, überzeugt. Er war auch überzeugt, dass der Wirkung dieser Säfte auf rationale Weise nachgeholfen werden konnte. Die Kunst des Arztes bestand darin, die Ursachen zu beseitigen, die das physiologische Gleichgewicht der Säfte stören. Und das waren immer natürliche Ursachen, die im Prinzip mit natürlichen Mitteln beseitigt werden konnten – Zauber und göttliche Strafen hatten in seinem Weltbild keinen Platz.

Die körperlichen Säfte spielten nach Hippokrates auch bei der Vererbung eine entscheidende Rolle; und da die von den einzelnen Organen abgesonderten Botenstoffe – seien es Körnchen oder Säfte – bei Mann und Frau dieselben waren, so mussten beide Geschlechter eine gleichwertige Rolle bei der Zeugung von Nachkommen spielen.

Diese Selbstverständlichkeit, mit der die Hippokratiker die Gleichstellung von weiblichem und männlichem Samen akzeptierten, erregte aber zwei Generationen später besonderen Anstoß, und zwar zuerst bei der Hauptfigur der Wissenschaft in der griechischen Antike: Aristoteles.

5 Aristoteles

Aristoteles

Geboren 384 v. Chr. in Stagira (Mazedonien), Sohn des Leibarztes des Königs. Mit 17 Jahren nach Athen übersiedelt; wurde Schüler Platons. Nach Platons Tod verließ er dessen Gelehrtenakademie, möglicherweise wegen ihrer stärker werdenden Abneigung gegen die Naturphilosophie. Verließ Athen und widmete sich in Kleinasien biologischen Studien. Im Jahr 342 v. Chr. von König Philipp zurück nach Mazedonien gerufen, wurde er Lehrer dessen Sohnes Alexander. 336 v. Chr. zurück nach Athen und Gründung einer eigenen Schule, des Lyzeums, mit Hauptgewicht auf Naturwissenschaften. 323 v. Chr. politische Wirren aufgrund Alexanders Tod, Flucht nach Chalkis, auf Euböa, wo er 322 v. Chr. starb.

Aristoteles hat sich über alles Naturwissenschaftliche Gedanken gemacht, und so ist es nicht erstaunlich, dass er sich auch ausführlich mit der Vererbung und Entwicklung des Embryos beschäftigte. Er entwickelte seine eigenen Ansichten – und diese stimmten nicht überein mit den überlieferten Vorstellungen zur Pangenesis der Atomisten und Hippokratiker. Aristoteles fühlte sich dementsprechend verpflichtet, Hippokrates zu widerlegen, und initiierte eine Polemik gegen die Pangenesis. Hippokrates allerdings konnte sich nicht wehren, denn er war schon seit Jahrzehnten tot (vom Alter her hätte er der Urgroßvater von Aristoteles sein können).

Aristoteles also berichtet zunächst, dass sich die Pangenesis hauptsächlich auf vier ‚Beweise' stützte: 1. das heftige, auf den ganzen Körper ausgedehnte Lustempfinden beim Samenerguss; 2. die Beobachtung, dass verstümmelte Eltern angeblich verstümmelte Kinder zeugen (z. B. Klumpfuß); 3. die Ähnlichkeit der Körpermerkmale der Nachkommen mit ihren Eltern, sowohl im Ganzen wie auch bezüglich einzelner Körperteile (wie

z. B. bei der Nase); 4. die Überlegung, dass – wenn es schon für den ganzen Menschen einen Samen gibt – vernünftigerweise auch für jeden Körperteil einer vorhanden sein müsse.

Mit etwa zwanzig Argumenten versuchte Aristoteles dann die Pangenesis-Theorie zu widerlegen. Die wichtigsten sind folgendermaßen zusammenzufassen:

- Auch Eigenschaften, von denen kein Teil abfließen kann, wie die Bewegungsweise, werden vererbt.
- Erbliche Eigenschaften wie die Form des Bartes und frühzeitig graue Haare sind bei der Zeugung unter Umständen noch gar nicht vorhanden.
- Die Ähnlichkeiten mit weiteren Vorfahren werden von der Pangenesis-Theorie gar nicht berücksichtigt (zum Beispiel hat angeblich erst ein Enkelkind einem Äthiopier geglichen).
- Wie können die losgelösten, atomaren Körnchen aus dem ganzen Körper im Samen überleben? Sind diese schon kleine, selbständige Lebewesen?
- Haben wir nicht, vom Männlichen und Weiblichen her, zwei Lebewesen? Warum liegen denn überhaupt zwei verschiedene Geschlechter vor, wenn deren Beitrag zur Vererbung derselbe ist, nämlich das Absondern der den einzelnen Organen entsprechenden Teilchen oder Botenstoffe?
- Die Lustempfindung, meint Aristoteles, sei nur ein starker Reiz, aber keine Absonderung aus allen Teilen des Körpers; sie verringert sich auch nach häufigem Verkehr. Würde es sich dabei um eine Absonderung von Teilchen handeln, wäre das Lustempfinden nicht ein gleichzeitiges für den ganzen Körper, sondern käme vereinzelt vor, sukzessive für jedes Organ.
- Nicht stehen lassen will Aristoteles auch die Auffassung von Hippokrates, dass die Absonderung einer so kleinen Menge Samens ein Schwächegefühl hinterlässt, weil der Samen sehr viel Zeugungskraft, also Kraft enthält, die von den Organen abgegeben wird. Laut Aristoteles kommt der Samen dagegen nicht von den Organen, sondern ist ein Überschuss, ein Destillat der Nahrung, das aus dem Blut kommt; die Müdigkeit nach dem Zeugungsakt stellt sich ein, weil dieses Destillat sonst allen Körperteilen zugeflossen wäre und diese nun das Fehlen der Nahrung zu spüren bekommen. (Später bezieht sich Aristoteles selbst auf das Lustempfindungsargument, um die unterschiedlichen

Beiträge zur Zeugung bei Mann und Frau zu belegen: Er meinte, die Lust der Frau sei nicht gleich der Lust des Mannes und die Frau sondere keinen Samen ab, da sie die Lust da empfinde, wo der Mann sie berührt, aber das sei nicht der Ort, wo Flüssigkeit abgesondert werde.)

Das Argument der Erblichkeit von Verstümmelungen versuchte Aristoteles mit zwei Gegenargumenten zu entkräften. Erstens bemerkte er – sehr treffend –, dass die Nachkommen von verstümmelten Eltern häufig nicht verstümmelt sind, und zweitens, für den Fall, dass Missbildungen vererbt werden, würde auch hier sein Argument mit der Ähnlichkeit zutreffen: Wie kann ein Verfechter der Panspermie erklären, dass ein Kind z. B. einem Großelternteil ähnlicher ist als seinen Eltern?

Nun aber musste Aristoteles seine eigenen Vorstellungen zur Vererbung überzeugend verteidigen. Dazu griff er auf seine grundlegende Betrachtungsweise der gesamten Natur zurück, in der er immer wieder Analogien zwischen den Werdeprozessen in der Natur und den Abläufen bei handwerklichen Leistungen fand. Solche Leistungen werden durch vier Faktoren geprägt: Stoff, Bewegungsursache, Form und Zweck. Zum Beispiel wird Holz als Stoff von einem Schreiner als Bewegungsursache entsprechend einem Plan zu einem Stuhl (Form) verarbeitet, um eine Sitzgelegenheit zu schaffen (Zweck). Dieses Handwerksmodell, als Techne-Modell bekannt, diente Aristoteles als Grundlage zur Erarbeitung seiner Zeugungstheorie. Die Regelmäßigkeit der Reproduktion, die immer wieder die gleichen Formen hervorbrachte, war für Aristoteles die Bestätigung für deren Zielgerichtetheit; der Zweck war die Erhaltung der Art, ein Selbstzweck, der keiner weiteren Begründung bedarf. Die Problematik aber, dass ein Stoff von einer Bewegungsursache, entsprechend einem Plan, in eine bestimmte Form umgestaltet werden muss, löste Aristoteles dadurch, dass er dem Menstrualblut der Frau die Funktion des Stoffes übertrug, der mittels der Fähigkeiten des männlichen Samens zum Fötus gestaltet wurde. Der männliche Samen gleicht so also dem Handwerker, der den Stoff, das Menstrualblut, entsprechend einem ihm innewohnenden Plan bearbeitete. Anstelle des Handwerkers, könnte man denken, sei vielleicht der Vergleich mit einem Bildhauer (Sperma), der den Marmorblock (Menstrualblut) zu einer Statue (Fötus) bearbeitet, eher angebracht. Doch offenbar hatte Aristoteles hier Bedenken, denn eine künstlerische Leistung setzt immerhin einiges an Kreativität voraus; die Natur aber produziert immer wieder dasselbe und besitzt auch keinen eigentlichen

Verstand. Diesen braucht auch der Handwerker nicht, der nach diesem Verständnis mehr stumpf und mechanisch arbeitet und trotzdem handwerkliche Meisterstücke produziert, so wie auch Tiere ohne Verstand dies können, man denke an die Spinnennetze und Bienenwaben. (Diese geringe Wertschätzung handwerklicher Leistung in der Antike muss vor dem Hintergrund der Tatsache betrachtet werden, dass bei angesehenen Bürgern Handarbeit verpönt war und diese ausschließlich von Sklaven ausgeübt wurde.)

Da Aristoteles dem männlichen Samen, dem Sperma, die gestaltende Rolle zuschreibt, während das Menstrualblut den zu bearbeitenden Stoff liefert, war es für ihn folgerichtig, einen materiellen Beitrag des Spermas zum neuen Wesen zu verneinen. (Dies schien für ihn offensichtlich im Falle des Fischlaichs, der vom Fisch-Männchen gar nicht berührt wird.) Die immateriellen, gestaltenden Impulse, die nach Aristoteles vom männlichen Samen ausgehen, sind aber nicht als etwas irgendwie ‚Seelisches' aufzufassen, sondern haben einen physikalischen Träger: die Wärme (Kälte und Wärme waren bei den Griechen eigenständige, physikalische Elemente). So wurde denn das Sperma als ein durch die überschüssige Wärme des Blutes hervorgebrachtes Material betrachtet, das umso kräftiger wirkt, je mehr Wärme es in sich aufgenommen hat.

Auch die Menstruation hat nach diesem Verständnis ihren Ursprung im überschüssigen Blut, jedoch ist diese als nicht so stark von der Wärme durchdrungen gedacht, nicht so sehr „gar gekocht" wie beim Mann, der eine viel größere „Hitze" entwickeln könne. Nur wenn sich das Sperma – mangels Hitze – nicht voll durchsetzt, können die in der Menstruation normalerweise nur latent vorhandenen Impulse die entsprechenden gestaltenden Funktionen behelfsmäßig übernehmen. Warum jedoch behauptete Aristoteles, der Mann beherberge mehr Wärme als die Frau? Nun, Wärme führt zum Entzug von Flüssigkeit, zum Konzentrieren von Säften. Und das Menstrualblut ist voluminöser als das Sperma und die Frau hat rundere Formen, nicht so scharfe, kantige wie der Mann, nicht so hervorstehende Adern.

Wie aber konnte Aristoteles' Techne-Theorie die Vererbungsphänomene besser erklären als die Pangenesis? Hier drückt der Schuh! Zwar war Aristoteles völlig klar, dass beide Eltern einen Beitrag zu den erblichen Eigenschaften der Nachkommen leisten. Außer einer Vielzahl von Beobachtungen am Menschen beschrieb Aristoteles auch Hybridformen im Tierreich, deren intermediäre Merkmale bekannt waren (z. B. beim Maultier, der Kreuzung von Pferd und Esel) oder die angeblich von Reisenden beobachtet worden waren. So sei z. B. die Giraffe aus der Kreuzung von Kamel und Leopard hervorgegangen (in späteren Jahrhunderten spielten auch halbwegs akzeptable Größenverhältnisse keine Rolle mehr und es kursierten Erzählungen über die Entstehung des Vogels Strauß aus der Kreuzung von Kamel und Spatz). Das Durchschlagen von Merkmalen der weiblichen Vorfahren ist aber laut Aristoteles immer auf die unzulängliche Leistung des männlichen Samens zurückzuführen. Bei idealem Samen wird ein Knabe gezeugt, der dem Vater gleicht. Bei relativen Mängeln des Samens werden Kinder gezeugt, die der Mutter gleichen oder einem andern Vorfahren. Aristoteles hatte allerdings einige Schwierigkeiten aus dem Weg zu räumen, z. B. bei der Deutung der Fälle von Jungen, die der Mutter oder den Großeltern mütterlicherseits oder von Mädchen, die dem Vater glichen – oder wenn ein Junge nur die krumme Nase der Großmutter geerbt hatte, sonst aber keine Ähnlichkeiten mit ihr zeigte.

Aristoteles war jedoch nicht nur Naturphilosoph und Theoretiker, sondern hauptsächlich Naturbeobachter. Und so hat er unter vielem anderen die Embryonalentwicklung des Kükens beschrieben. Dazu hatte er bei verschieden lange bebrüteten Hühnereiern – man weiß allerdings nicht, wie viele es waren und wie oft er dies getan hat – die Schale abgedeckt und beobachtet, wie sich die Anlagen zu den Organen herausdifferenzierten (gelenkt durch das von ihm postulierte formende Prinzip des Samens). Eine wichtige Frage war die, ob alle Körperteile zuerst als winzige Strukturen gleichzeitig sichtbar werden oder ob diese nacheinander entstehen. Hier war Aristoteles ganz klar in seiner Aussage: Zuallererst entsteht das Herz, dann erst, nacheinander, alle anderen Strukturen. Ein Irrtum war ausgeschlossen, die Lunge z. B., die viel größer ist als das Herz, erscheint erst viel später als dieses. Der Entstehungsprozess geht demnach so vonstatten, dass ein Organ nach dem andern durch eine Art Kettenreaktion mittels Weitergabe des vom Herzen ausgehenden Impulses entsteht (Kaskadentheorie) – vielleicht vergleichbar der Mechanik eines automatischen Puppenspiels. Im Einzelnen stellt Aristoteles fest, dass die Teile oberhalb des Zwerchfells, insbesondere der Kopf, sich zuerst bilden – das Gehirn entwickelt sich von Anfang an sehr stark, die Augen sind schon früh außergewöhnlich groß und sind Abzweigungen des Gehirns.

Es sei hier nochmals betont, dass diese bildende Kraft, die der Zeugungssubstanz laut Aristoteles innewohnt, zwar nicht materieller Natur ist, aber auch nicht als ein „seelischer" Faktor verstanden werden darf.

Aristoteles hat sich mit dem Problem der Seele intensiv auseinandergesetzt und auch beschrieben, wie diese zu verstehen ist – jedenfalls nicht so, dass sie eine vom Körperlichen unabhängige Gestalt annehmen kann. Im Gegenteil, sie braucht unbedingt ein materielles Substrat, und da zu Beginn der Embryonalentwicklung dieses Substrat nur sehr roh geformt ist und sich erst nach und nach differenziert und komplexer wird, so ist auch das entsprechende Seelenvermögen immer wieder anders. Im ersten Embryonalstadium ist der Keim nur von einer vegetativen Seele, die auch bei Pflanzen vorkommt, bewohnt; später kommt bei Tier und Mensch die wahrnehmende Seele hinzu, die Sinnesreize verarbeiten kann, und schließlich, als Privileg des Menschen, gesellt sich die Vernunftseele dazu. Die seelische Entwicklung entspricht der des Körpers, der während seiner Entstehung zuerst die allgemeineren Eigenschaften (z. B. die aller Wirbeltiere), dann nacheinander die spezielleren, bis hin zu denen der Gattung, der Art und des einzelnen Individuums ausbildet.

Warum aber hat Aristoteles, der ja genau wusste, dass die Frau, ebenso wie der Mann, viele ihrer Merkmale an die Nachkommen vererbt, ihr die Rolle der Ernährerin des im Wesentlichen vom männlichen Samen geformten Fötus zugeordnet (eine Idee, die schon im alten Ägypten aufgetaucht war)? Diese Frage hat – kein Wunder! – Aristoteles in jüngster Zeit den Vorwurf des „Sexisten" beschert. Die von Aristoteles behauptete biologische Defizienz der Frau – so wird von einigen Wissenschaftshistorikern argumentiert – resultiere aus den politischen und gesellschaftlichen Vorurteilen, die so tief verwurzelt waren, dass sie den Mitgliedern der Gesellschaft, sowohl Männer wie Frauen, gar nicht bewusst waren und so von Aristoteles reinen Gewissens als wissenschaftliche Tatsachen dargestellt werden konnten. So galt die politische Unterwerfung der Frau in Gesellschaft und Familie als natürlich und wissenschaftlich belegt, eine Selbstverständlichkeit, die Aristoteles im Unterbewussten dazu bewegte, entsprechende Unterschiede zwischen Frau und Mann in seine Embryologie und Genetik hineinzuprojizieren.

Oder war es vielleicht umgekehrt so, dass die aristotelische Theorie – dass die Frau normalerweise (d. h. bei Nichtversagen des Mannes) keinen formenden Samen bildet, sondern dass ihr eine Ernährungsfunktion für den Fötus zukommt – folgerichtig verlangte, dass ihre gesellschaftliche Rolle im Haushalt liegt, wo sie die Kinder ernährt bzw. Gehorsam und Schweigsamkeit pflegt, während der Mann sich in geistigen Aktivitäten wie Philosophie und Politik übt?

Oder hat Aristoteles die natürliche Defizienz der Frau nur notgedrungen postuliert, ohne bewussten oder unbewussten sexistischen Hintergrund, um rein der Logik seiner Überlegung Rechnung zu tragen, dass unterschiedliche Organe auf unterschiedliche Funktionen hinweisen und somit die Vererbungsmechanismen verschieden sein müssen, was für ihn ein Weg war, die Schwierigkeiten bei der Pangenesis zu umgehen?

Wie auch immer – ist es aber nicht so, dass sich Aristoteles' Definition der Frau als ein nicht ganz so idealer Mensch, quasi als ein „leicht verstümmelter" Mann, sowohl in die biologische wie auch medizinische und theologische Fachliteratur eingeschlichen hat (der Kirchenvater Tertulian z. B. fragte sich, ob Frauen überhaupt eine Seele haben) und bis heute noch ihre Spuren hinterlässt? Mit dem Resultat, dass viele der heutigen Ammenmärchen nicht auf der spontanen Selbsterniedrigung der Frau basieren, sondern in der Vererbungslehre des Aristoteles ihren Ursprung haben? Ein weites Feld von Fragestellungen für Wissenschaftshistoriker eröffnet sich.

6 Theophrast

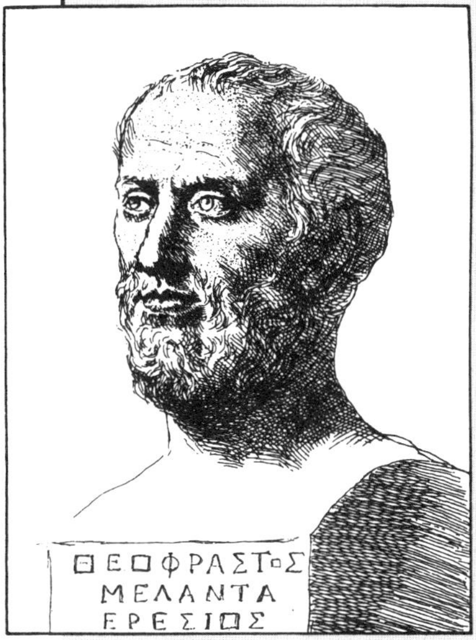

Theophrastos
Geboren ca. 370 v. Chr. auf der Insel Lesbos in der Ägäis, gestorben in Athen, ca. 285 v. Chr.

Aristoteles musste ein Jahr vor seinem Tod aus politischen Gründen aus Athen fliehen und starb verbittert im Exil. Er hinterließ jedoch eine Schar von Schülern, die sich der Naturbetrachtung widmeten. Sein Lieblingsschüler, Theophrast, entwickelte ein besonderes Interesse an der Botanik – ein vom Meister eher vernachlässigtes Gebiet. Theophrast beschrieb Hunderte von Pflanzenarten, und ihm verdanken wir die Einsicht, dass einige Pflanzen, wie die Dattelpalme, zweigeschlechtlich sind – eine Erkenntnis, die jedoch bald wieder verloren ging. Er erkannte auch den Unterschied zwischen einkeimblättrigen und zweikeimblättrigen Pflanzen. Theophrast übernahm die Leitung der Schule von Aristoteles in Athen und sorgte so nach dessen Tod für eine Art Kontinuität im Sinne des verehrten Lehrers. Er soll einen beneidenswerten Erfolg gehabt haben, mit vielen Hunderten von Schülern.

7 Herophilus

(3. Jhd. v. Chr.)

Ein anderer bedeutender Schüler Aristoteles', Alexander der Große, kümmerte sich weniger um die Erweiterung des Wissens als um die der Macht der griechischen Heere bis hin nach Indien. Aber immerhin blieb so viel Wissensdurst seines Lehrers an ihm hängen, dass er ihm viele bisher unbekannte Tiere und Pflanzen aus den neu eroberten fernen Ländern schickte.

Eine Folge dieses Elans des großen Eroberers von weit größerer Tragweite war aber die Gründung der Stadt Alexandria, einer griechischen Kolonie im Nildelta, in der, nach der relativen Dekadenz in der alten Metropole Athen, die Wissenschaft zu neuer Blüte gelangte.

Für die Biologie von Bedeutung war vor allem die Tätigkeit der Mediziner und Anatomen Herophilus von Chalkedon (wirkte um 290 v. Chr. in Alexandria) und seines Schülers Erasistratus (ca. 310–250 v. Chr.). Diese hatten die Erlaubnis, den menschlichen Körper zu sezieren, und sie machten davon regen Gebrauch. Es wird erzählt, die ptolemäischen Herrscher Alexandrias hätten ihnen zum Tode verurteilte Gefangene zur Vivisektion freigegeben. Die daraus resultierenden neuen Erkenntnisse waren, zum Beispiel, die der Existenz der Eierstöcke als Analogon zu den Hoden – doch zur zugedachten Rolle sowohl des einen wie des anderen Organs bei der Zeugung ist uns nichts überliefert. Die Forschungsarbeiten der alexandrinischen Mediziner wurden zwar in zahllosen Schriften, zusammen mit allem Wissenswerten der Zeit, in der riesigen, Hunderttausende von Rollen umfassenden Bibliothek der Universität in Alexandria aufbewahrt, doch wenig ist davon erhalten geblieben. Denn diese Bibliothek, die sich bemühte, das gesamte Wissen der damaligen Zeit zu beherbergen, wurde mehrfach verwüstet: Herophilus' Arbeiten sollen mit einen entscheidenden Vorwand für die Brandschatzung der Bibliothek im 4. Jahrhundert durch die frühen Christen geliefert haben, die in den angeblichen (es gibt dazu keine zuverlässigen Quellen) grausamen Vivisektionen eine verabscheuungswürdige heidnische Aktivität sahen. Den Rest besorgten die Araber, als sie im Jahr 646 Alexandria eroberten.

8

Celsus

(ca. 25 v. Chr. – 50 n. Chr.)

„Primum non nocere" – allererstens keinen Schaden anrichten – das war der Leitspruch von Hippokrates (und gilt heute noch, wenn auch nur im Prinzip – jährlich sterben allein in Deutschland etwa 40 000 Patienten an ärztlichen Fehlern oder Nebenwirkungen von Medikamenten). Dieser Leitspruch muss auch für die Ärzte im alten Rom gegolten haben, denn die meisten waren Griechen. So ist zu verstehen, dass Aulus Cornelius Celsus, einer der ersten uns heute bekannten Ärzte des Römischen Reiches, meinte: „Anstelle von grausamen Versuchen (Vivisektion) soll man neue Erkenntnisse gewinnen durch die Untersuchung der Wunden bei der gütigen Behandlung Verletzter." Celsus war ein Heide – zu seiner Zeit gab es noch keine Christen in Rom –, aber offenbar war die Barmherzigkeit, die später „christlich" genannt wurde, ein zentraler Begriff seines Denkens. Celsus war ein Intellektueller, ein Theoretiker, der zahllose Schriften zu allen möglichen Themen verfasste, von der Medizin über die Landwirtschaft (er riet, die guten Ähren einzeln einzusammeln – als Saatgut ...), bis zur Ethik und Politik, doch sind nur seine medizinischen Schriften, in acht großen Bänden, relativ vollständig erhalten geblieben. Seine Vorstellungen zur Vererbung waren nicht besonders originell und offensichtlich von Hippokrates übernommen, doch seine Kritik an den ethischen Grundlagen der Forschung von Herophilus und Erasistratus ist bemerkenswert.

9 Galen

Galen

Galenus, geboren um 129 im damals griechischen Pergamon (heute Bergama, Türkei). Widmete sich ab 146 der Medizin in Pergamon, Smyrna, Korinth und Alexandria. Ab 161 Arzt in Rom, Zugang zum Kaiserhof. Ab 166 Studienreise nach Lemnos, Zypern, Palestina und Lykien. 169 Rückkehr nach Rom auf Wunsch von Kaiser Marc Aurel. Starb in Rom um 199.

Nennenswerte neue Erkenntnisse finden sich erst in den Schriften von Galen von Pergamon, dem Leibarzt des Kaisers Marc Aurel. Ähnlich wie Herophilus, fast 500 Jahre vor ihm, beschrieb Galen die Eierstöcke als Äquivalent der Hoden, beobachtete aber, dass die Eileiter in den Uterus münden und nicht in die Blase, wie Herophilus behauptet hatte. Dies und vieles mehr – er hinterließ über 100 medizinische Schriften – stellte Galen durch Übertragung vom Tier auf den Menschen fest, denn im Gegensatz zu Alexandria zur Zeit des Herophilus war im alten Rom das Sezieren von menschlichen Leichen untersagt, so dass Galen zahllose Irrtümer unterliefen, die erst im 16. und 17. Jahrhundert korrigiert werden konnten. Der eklatanteste Irrtum in Galens Anatomie hatte aber nichts mit dem Nachteil des Sezierverbots am Menschen zu tun; es ist seine Behauptung, dass das Blut von der rechten Herzkammer durch unsichtbare Poren direkt in die linke Herzkammer fließt, so dass Galen den Lungenkreislauf nicht als etwas Besonderes erkannte. Wenn trotz all dieser gravierenden Mängel die Anatomie Galens einen deutlichen Fortschritt gegenüber der der Griechen bedeutet (Aristoteles z. B. glaubte noch, das Gehirn sei eine Art Klimaanlage, die das Blut abkühlt, während das Herz der Sitz des Verstandes ist), so war dieser letzte große Arzt und Forscher der Antike doch nicht originell genug, um eine eigene Zeugungstheorie zu erarbeiten. Er hielt an der hartnäckig überlebenden Rechts-links-Theorie fest (Föten auf der rechten Seite des Uterus wurden männlich) – und seine Ansichten bestimmten die Lehrmeinung des ganzen Mittelalters bis in die Neuzeit.

10 Origines

(ca. 185–254)

Nach Galens Tod verloren die Naturwissenschaften an Bedeutung. Die Naturphilosophie, wie sie Thales, Alkmaion, Hippokrates, Aristoteles und viele Gleichgesinnte gepflegt hatten, wurde abgelöst durch die Beschäftigung mit Wertvorstellungen, Ethik und menschlichem Verhalten. Es herrschte die Ansicht, die Fixierung auf die objektive Naturbetrachtung würde zum totalen Nihilismus führen, und dem galt es entgegenzusteuern. Schon Philosophen wie Sokrates und sein Schüler Plato waren keine Naturwissenschaftler. Auch die Stoiker, die sich darum bemühten, dem Schicksal in allen Lebenslagen in Ruhe und Gelassenheit entgegenzutreten, waren zu sehr mit den Menschen, mit sich selbst beschäftigt, als dass sie sich der Naturbetrachtung hätten widmen wollen. Überliefert sind einige Bruchstücke ihrer Vorstellungen zur Genetik, die im Wesentlichen den hippokratischen Theorien nahe standen. Nicht nur die prinzipielle Gleichstellung des weiblichen und männlichen Samens wurde betont, sondern auch die Vorstellung akzeptiert, dass aus den verschiedenen Organen entsprechende Erbteilchen ins Blut abgesondert würden. Genauer als Hippokrates wussten Stoiker wie der in Alexandria lehrende Origines (ca. 185–254 n. Chr.) zu berichten, dass die Erschütterungen des Liebesaktes dazu dienten, diese Teilchen von ihren Ursprungsorganen loszureißen und ins Blut zu befördern, von wo sie in den Samen gelangten. Je nachdem, wie gut die verschiedenen Teilchen durchgeschüttelt würden, mischten sich die Merkmale der Eltern. Bei ungenügender Durchschüttelung könnte es geschehen, dass ein ganz besonderer Körperteil, z. B. die Nase allein, einem ganz bestimmten Vorfahren gliche. Ob Hippokrates da widersprochen hätte, ist unklar. Da die Stoiker jedoch den Erbelementen aus den verschiedenen Organen eher seelische („Pneuma") als materielle Eigenschaften zuschrieben, war es für sie nicht so problematisch, die Herkunft dieser Erbpartikel nicht nur in den Eltern, sondern auch in den Großeltern oder Geschwistern der Eltern zu sehen.

11 | Ibn Sina

Ibn Sina (Avicenna)

Geboren 980 nahe Buchara (damals Persien, heute Usbekistan). Er kannte mit 10 Jahren den Koran auswendig und war mit 18 als Arzt tätig. Als Dank für seine Dienste durfte er die königliche Bibliothek benutzen. Sein fabelhaftes Gedächtnis erlaubte ihm, sich alles verfügbare Wissen anzueignen. Diente mehreren Herrschern, schrieb seine Werke in der Freizeit. Gestorben 1037 in Hamadan, Persien.

Zahllose Ratschläge, Berichte, Rezepte und Vorschriften, aber so gut wie nichts Originelles – wie konnte es sein, dass ein derartiges Lehrbuch der Medizin, der *Kanon*, in fünf dicken Bänden, von einem Arzt aus dem Iran namens Ibn Sina, in abendländischer Verballhornung Avicenna genannt, eine monumentale Bedeutung für die Kultur des mittelalterlichen Europas erreichte?

Nach Galen war es sehr, sehr ruhig geworden im Wissenschaftsbetrieb. Seit Aristoteles vor über 500 Jahren sich mit unermüdlicher Begeisterung so vielen Aspekten der Naturkunde gewidmet hatte, war Galen ein wahrer Lichtblitz im Dunkeln des Desinteresses an der Natur, das sich über das Abendland ausbreitete. Waren es die allgemeinen Wirren des Zerfalls des Römischen Reiches? War es das frühe Christentum, mit seiner Betonung des Jenseits, des Heils nicht von dieser Welt? Demnach lohnte es sich nicht, sich um die detaillierten Gegebenheiten dieses Jammertals zu kümmern, wenn seine Tage sowieso gezählt waren und das baldige Kommen des Erlösers und der nahe Weltuntergang vordringlich das Bewusstsein der Menschen beanspruchten.

Während nun aber die christliche Welt immer mehr zu einer Welt der kritiklosen Bibellektüre wurde, stiegen die moslemischen Araber und Perser zwischen dem 9. und 11. Jahrhundert zu einer ungeahnten intellektuellen Blüte empor. Der Kontakt mit den Schriften der griechischen Antike, die die Zerstörungen früherer Jahrhunderte überlebt hatten, führte zum Heranwachsen neuer Generationen von Gelehrten, die die griechischen Texte ins Arabische übersetzten. Zwar kamen durch die Araber wenige grundlegend neue Erkenntnisse zu Tage; beachtenswert ist jedoch z. B., dass der Arzt Ibnal-Nafis den Lungenkreislauf des Blutes korrekt beschrieb (was allerdings erst im 20. Jahrhundert bekannt wurde). Aber es ist das unüberschätzbare Verdienst der arabischen Gelehrten, das Erbe der griechischen Kultur dadurch vor dem totalen Untergang gerettet zu haben, dass sie eine Atmosphäre der Liberalität und Toleranz pflegten, in der auch viele Juden und nestorianische Christen eifrig die antiken Texte mit übersetzten. Die Nestorianer waren eine christliche Sekte, hauptsächlich verbreitet in Syrien, Mesopotamien und Persien. Sie glaubten, Maria sei nicht die Mutter Gottes, sondern nur die Mutter des Körpers Jesu; seine göttliche Natur hätte diesen Körper erst nach der Geburt beseelt – siehe Aristoteles: *anima cognitiva*. Beim Konzil von Ephesus, im Jahr 449, dem sogenannten Briganten-Konzil, kam es deswegen zu Prügeleien unter den Bischöfen und es mussten Soldaten herbeigerufen werden, um die Ordnung wiederherzustellen. Danach trennten sich die Nestorianer von der römischen Kirche. In diesem Klima entstand im 11. Jahrhundert eben jenes monumentale Lehrbuch, der *Kanon*, von Ibn Sina – das wichtigste Lehrbuch der Medizin bis ins 17. Jahrhundert. Doch die Blüte der arabischen Gelehrsamkeit – um 1250 gab es allein in Bagdad 36 öffentliche Bibliotheken – nahm ein jähes Ende, als das Land von den Mongolen verwüstet wurde. Aber die Araber selber hatten mit ihren Eroberungszügen gegen Westen ihre Kultur vor dem Untergang bewahrt, und besonders unter der Jahrhunderte währenden Herrschaft der Mauren in Spanien gelangte ihre Kultur erneut zu einer intellektuellen Vielfalt und Argumentationskraft, der die christliche Welt nichts entgegenzustellen vermochte. So war es nur folgerichtig, dass beim Kontakt zwischen Christen und Arabern die wenigen Träger der christlichen Weltanschauung, die des Lesens und Schreibens mächtig waren, sich intensiv, ja gierig, auf die arabischen Übersetzungen der griechischen Texte stürzten und diese ins allgemein verständliche Latein übersetzten. In Toledo, 1085 von den Christen eingenommen, wurde wenige Jahre später eine Übersetzerschule gegründet, zu der Gelehrte aus ganz Europa anreisten. Zweisprachigkeit, sowohl bei Arabern wie Christen und Juden, war üblich in jener faszinierenden Übergangszeit kultureller Vermischung, in der sich ein außergewöhnliches Klima kulturellen Fortschritts ausbreitete. Aristoteles wurde so der christlichen Welt offenbart. Dies führte zu schwierigen Konflikten, um deren Lösung sich die klügsten Köpfe der Zeit bemühten.

12 Thomas von Aquin

Thomas von Aquin

Geboren 1225 auf Schloss Roccasecca in Aquin bei Neapel. Adeliger Herkunft. 1244 Eintritt in Dominikanerorden gegen den Willen der Familie, die ihn entführte und einsperrte. Nach Flucht Studium der Theologie in Köln, Paris und Rom. Ab 1269 Studienpräfekt seines Ordens in Neapel. Gestorben 7. März 1274 auf Reise zum zweiten Konzil von Lyon. 1323 heiliggesprochen. Zählt zu den bedeutendsten Kirchenlehrern.

Einer dieser klügsten Köpfe war der Dominikaner, Philosoph und Theologe Thomas von Aquin – für die katholische Kirche heute noch eine prägnante, intellektuelle Zentralfigur. Seine Bemühungen, die naturwissenschaftlichen Erkenntnisse der Antike mit den kirchlichen Dogmen in Einklang zu bringen, blieben für Jahrhunderte von maßgebender Bedeutung. Im Hinblick auf die Zeugung und Vererbung fand er sich mit dem Problem konfrontiert, das Aristoteles für die kirchliche Lehre durch seine postulierte Ungleichheit der Zeugungsbeiträge von Mann und Frau aufwarf, d. h. durch die für ihn biologisch minderwertige Stellung der Frau. Das Stichwort „biologisch" lieferte für Thomas von Aquin den Schlüssel zur Lösung des Konflikts: Thomas postulierte zwei grundsätzlich verschiedene Kategorien von Zeugungskräften – die biologischen und die himmlischen. Das, was Aristoteles beschrieb, betraf lediglich die biologischen Zeugungskräfte. Doch die entscheidenden himmlischen Kräfte (waren es Engel, Gottes Wille, die Seele, die den gezeugten Keim besiedelten – war bei den Ägyptern nicht auch der Sonnengott Athos jeweils mit im Spiel?), die waren für beide Geschlechter dieselben, so dass die Frauen, wenigstens was das Jenseits anbelangte, den Männern gleichgestellt waren.

Bezeichnenderweise hatte Thomas von Aquin nichts auszusetzen an der aristotelischen dreiteiligen Stufung der Seele als vegetative (für alle Lebewesen, inklusive Pflanzen), sensitive (empfindende Seele bei Tier und Mensch) und kognitive (denkende Seele für den Menschen allein). Da Thomas von Aquin, in Anlehnung an Aristoteles, die Meinung vertrat, dass direkt nach der Zeugung der Keim erst nur die vegetative Seele, später in der Entwicklung auch die sensitive und nur zum Schluss auch die einzig bedeutende, menschliche Seele beherberge, lässt sich die Meinung vertreten, dass Thomas' Ideen im praktischen Bereich als Befürwortung der Fristenlösung im Hinblick auf den Schwangerschaftsabbruch anzusehen sind.

Da die Schriften des Aristoteles von der Kirche im Jahr 1209 auf einer Synode in Paris verboten worden waren, kann man sich vorstellen, dass die harmonisierenden Meinungen des Thomas von Aquin nicht immer und überall auf Zustimmung stießen. Die Lektüre der wissenschaftlichen Schriften des Aristoteles wurde zwar 1231 von Papst Gregor IX. wieder freigegeben, doch die philosophischen Ansichten blieben weiterhin unter Verschluss; es war aber ein Leichtes, diese Ansichten auf die fehlende göttliche Gnade zurückzuführen, und so war der Weg frei für fast drei Jahrhunderte relativer Ruhe der aristotelischen Wissenschaft im Schoß der kirchlichen Lehre.

Es war die Blütezeit der Scholastik. Vertrautheit mit den alten Schriften war die Grundlage des Prestiges an Universitäten; die abstrakte Logik (oder was man als logisch erachtete), in den Schriften der Antike so hoch geschätzt, hatte absoluten Vorrang vor der Naturbeobachtung. Waren zufälligerweise Beobachtungen nicht im Einklang mit Aristoteles, so waren eben die Beobachtungen mangelhaft und trügerisch. Und es sollte sich auch niemand anmaßen, eigene Beobachtungen anzustellen. Laien sollten gefälligst nicht mitreden, wenn Gelehrte – auf Grund ihrer Kenntnisse antiker Schriften – argumentierten. (Das führte z. B. dazu, dass Hebammen, mit all ihrem empirischen Wissen über Heilkräuter und Verhaltensweisen bei der Geburt, gnadenlos unterdrückt und oft drakonisch bestraft wurden – vor allem natürlich auch, weil sie als potentielle Konkurrenz zu den an Universitäten in der galenischen Medizin ausgebildeten Ärzten auftreten konnten.)

Kurz vor seinem Tod kam Thomas von Aquin übrigens zur Einsicht, dass Gott absolut unergründlich sei, und er wollte deshalb, dass alle seine Schriften vernichtet werden sollten. War er, nach einem Leben voller Suche nach der Wahrheit, zur allerhöchsten Weisheit vorgestoßen? Oder waren seine letzten Meinungen ein Symptom von Altersdemenz?

13 Leonardo da Vinci

Leonardo da Vinci
Geboren am 15. April 1452 in Anchiano, in der Nähe von Vinci, in der Toskana. Als uneheliches Kind durfte er den Beruf des Vaters, ein Notar, nicht erlernen. Lernte nur mit Mühe Lesen und Schreiben. 1469 Übersiedlung nach Florenz mit dem Vater, der ihn förderte und eine Lehre als Kunstmaler ermöglichte. 1483 – 1499 im Dienst des Herzogs von Mailand. Rückkehr nach Florenz. ‚Mona Lisa' : 1503–1506. Ab 1507 wohnte er – ein Geschenk von König Franz I. von Frankreich – in der Burg von Cloux bei Amboise, wo er am 2. Mai 1519 starb.

Alles fließt – hatte Heraklit schon im 4. Jahrhundert v. Chr. festgestellt. Auch die Gesellschaft des Mittelalters stellt keine Ausnahme von dieser Regel dar. Trotz der relativen Stagnation hatten sich zahllose kleine Veränderungen kumuliert, sowohl wirtschaftlich wie auch kulturell. Das steife Korsett des Feudalismus, der Scholastik und der dogmatischen Kirche wurde immer unbequemer. Ritterheere wurden hinfällig durch das Schießpulver, das Dschingis Khan aus China mitgebracht hatte. Obsolet wurden auch die klösterlichen Kopisten, die vielleicht in einem halben Jahr ein Buch – meistens die Bibel, gelegentlich Aristoteles – von Hand kopierten. Die Erfindung der Buchdruckerkunst hatte explosive Wirkung (erste Gutenbergbibel: um 1455). Alles in allem kann man sagen: Das Diesseits wurde wieder interessant! Umwälzende Veränderungen in der Kunst sind zu erwähnen: Botticelli malte den ‚Frühling', nicht nur Heiligenbilder: Umwälzendes gab es auch in der Theorie der Politik: Machiavelli schuf *Il Principe*, der von Intellektuellen und Politikern bewunderte und verdammte Klassiker der Machtpolitik; und in der Medizin: Leonardo da Vinci in Florenz und der Belgier Andreas Vesalius in Padua fingen wieder an, Leichen zu sezieren. Aber die Vererbungslehre blieb dieselbe wie zu Galens Zeiten – oder wie zu noch älteren Zeiten: So hielt sich da Vinci offenbar an die Lehre Alkmaions (der Samen kommt vom Gehirn) oder des Hippon von Rhegion (der Samen kommt aus dem Rückenmark); anders lassen sich seine realistisch anmutenden Darstellungen nicht deuten, in denen der Samenleiter direkt vom Rückenmark abzweigt – eine Betrachtungsweise, die nur durch eine voreingenommene Idee und nicht durch eine bloß ungenaue Beobachtung erklärt werden kann.

Und Vesalius, der an der Universität Padua die Anatomie revolutionierte (allein am Skelett konnte er Galen über 200 Fehler nachweisen), hielt sich an Galen, was den Blutkreislauf betraf (die Trennwand zwischen rechter und linker Herzkammer hatte angeblich viele unsichtbare Poren, durch die das Blut von der einen Kammer direkt in die andere fließen konnte), und an Aristoteles im Hinblick auf die Zeugung und die Embryonalentwicklung.

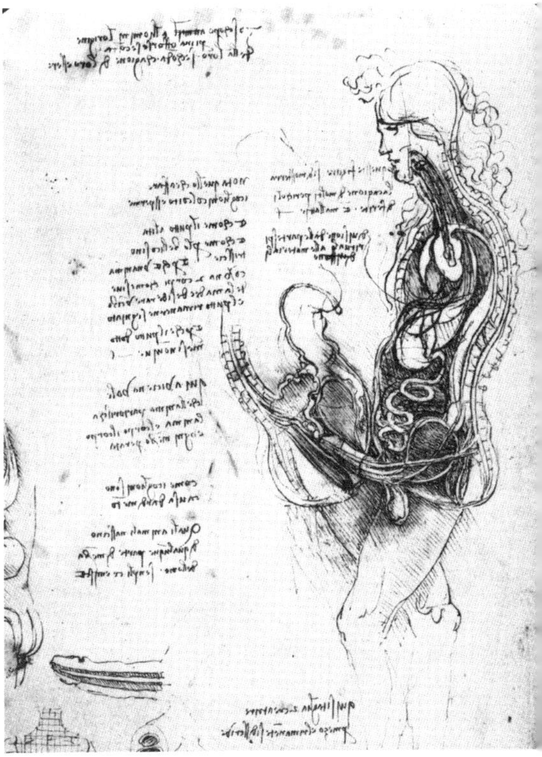

Zeichnung von Leonardo da Vinci, die zeigt, wie angeblich der männliche Samen seinen Ursprung im Rückenmark hat. Auch an anderer Stelle zeichnet da Vinci das, was er dachte, und nicht das, was er sah.

Aber immerhin hatte da Vinci erkannt, dass Afrikaner nicht schwarz sind, weil von der Sonne verbrannt, sondern dass die Hautfarbe eine erbliche Eigenschaft ist: Eine weiße Frau gebar ein dunkles Kind von einem schwarzen Vater, ohne Italien je verlassen zu haben. Aber Ähnliches hatte auch schon Aristoteles berichtet. Doch derartige Beobachtungen warfen Fragen auf, die wir heute der Humangenetik und der Anthropologie zuordnen würden: Sind die ‚Wilden' aus fernen Ländern Menschen wie wir? In einer Bulle aus dem Jahr 1537 dekretierte Papst Paul II., dass die in der ‚Neuen Welt' entdeckten Indianer Menschen seien, die deswegen eine Seele besitzen und getauft werden sollten.

Leonardos Genialität zeigt sich in einem Nachlass von über 15 000 Seiten mit Texten und Zeichnungen, in denen er endlos vielseitige Probleme diskutiert – doch eine Theorie, ein geschlossenes weltanschauliches System, außer eben der relativen Betonung des Diesseitigen gegenüber dem Jenseits, lässt sich bei Leonardo nicht finden. Wenn er aber im Grunde ein Chaot, ein unsystematisch denkender Mensch, war, so wurde er in dieser Hinsicht übertroffen von seinem schillernden Zeitgenossen, dessen Wissenschaft voller Widersprüche noch heute bei vielen auf volle Bewunderung stößt: Paracelsus.

14 # Paracelsus

Paracelsus

Philippus Aureolus Theophrastus Bombastus von Hohenheim, geboren Dezember 1493 in Einsiedeln. Erste Ausbildung durch Priester und Vater (Stadtarzt in Villach). Ab 1509 Studium der Philosophie in Wien, Alchemie bei Abt im Kloster Einsiedeln, Lehrling in Tiroler Bergwerk. 1512 Studium der Medizin in Wien und oberitalienischen Universitäten. Ab 1516 Wanderschaft durch ganz Europa. Ab 1524 Arzt in Salzburg und 1526 in Straßburg. 1527 – 1528 Professor in Basel. 1528 Flucht aus Basel, wanderte als Arzt durch Süddeutschland. 1540 vom Bischof von Salzburg dorthin berufen, wo er am 24. September 1541 durch eine Bleivergiftung ums Leben kam.

Nach Paracelsus tragen alle Organe und ihre Kräfte in gleicher Weise bei zur Bildung des Samens, des Spermas. Diese Organe sind daher als Keim in der Samenflüssigkeit enthalten. Aber die Samenflüssigkeit selber ist nicht der Samen, sondern der eigentliche Samen ist die ‚aura seminalis', ein Prinzip, das im Sperma enthalten ist. Diese ‚aura seminalis' entwickelt sich aus dem Sperma in derselben Weise wie das Feuer aus dem Holz, durch eine innere Hitze, die während der Zeit der Mannbarkeit durch die Nähe der Frau im Mann erzeugt wird … Es war offenbar eine besondere Variante der Panspermie-Lehre, die von Paracelsus zum Besten gegeben wurde. War das eine Mystifizierung der Ideen von Hippokrates oder war dies ein Fortschritt? Kann man nicht in die offenbar immaterielle ‚aura seminalis' wohlwollend den heutigen Begriff der abstrakten, genetischen Information hineinlesen? Anders als bei Aristoteles trug auch die Frau zu dieser Information bei: Das Kind soll im Uterus nach einem Plan entstehen, den auch die Frau schöpferisch durch ihre Wünsche und Phantasien mitgestaltet; ihre Rolle ist also nicht auf die Ernährungsfunktion beschränkt.

Wenn derlei Vorstellungen im Rahmen der damaligen Zeit durchaus noch als rational betrachtet werden können, so gleitet Paracelsus ab ins Phantastische und Okkulte, wenn er beschreibt, wie Würmer und Schlangen durch Succubus oder Incubus gezeugt werden. (Beim Succubus nimmt der Teufel die Form einer Frau an und verführt einen schlafenden Mann, der Incubus nähert sich in Form eines Mannes sexuell einer schlafenden Frau.)

Wer war der in Einsiedeln geborene Theophrastus Bombastus von Hohenheim, der sich selber Paracelsus nannte? (Celsus war damals sehr aktuell, denn seine Schriften waren im Jahr 1426 wieder entdeckt worden.) War er ein Scharlatan? Ein Abenteurer? Ein Erneuerer der Medizin? Wohl alles in einem. Je nach Blickwinkel erscheint er uns als ein aufgeschlossener Reformator, der, als er nach abenteuerlichen Lehrjahren an Universitäten in Deutschland, Frankreich, Spanien und Russland in Basel zum Professor ernannt wurde, in der Vorlesung die Schriften Avicennas und Galens verbrannte und versuchte, eine ihm rational erscheinende, neue Medizin zu lehren – und dies in deutscher Mundart, nicht in verkrustetem Schul-Latein.

Das hauptsächliche Verdienst Paracelsus' liegt wohl im Abschütteln der Scholastik, die er durch eine neue Empirie zu ersetzen strebte. Nur: Seine Empirie war das Chaos der Alchemie, und es ist verwunderlich, dass er, auf ihr aufbauend, überhaupt durchaus sinnvolle Entwicklungen anbahnen konnte. Seine Ideen, dass der Stoffwechsel ein „chemischer" Prozess ist und dass Krankheiten eine Störung im chemischen Ablauf darstellen, waren der Keim der Physiologie. Paracelsus war auch der Erste, der Berufskrankheiten, z. B. bei Minenarbeitern, als solche erkannte.

Paracelsus wurde nach zwei Jahren von der Universität Basel verjagt, musste dann mehrmals fliehen und starb – nach nochmals so abenteuerlichen Jahren wie vor seiner Ernennung zum Professor – unter ungeklärten Umständen (möglicherweise ermordet) in Salzburg.

In seinen Hunderten von Schriften (wie konnte er als streunender Vagabund so viel geschrieben haben?) kommt immer wieder seine Bewunderung für die Natur zur Geltung und er wird daher – trotz oder auf Grund seiner esoterischen Mentalität – immer noch verehrt von vielen ‚ganzheitlich' denkenden Anhängern.

Paracelsus ist im Grunde eine Personifikation eines Aspektes der Renaissance, der unentwirrbaren Mischung von Rationalität und Okkultismus. So wurde einerseits die Welt, das Existierende als ein Ganzes gesehen, das von – allerdings nicht genauer definierten – Naturgesetzen regiert wird, dann wiederum war allgemein der Glaube verbreitet, dass dieses Ganze aufgeteilt war in einen Makrokosmos – die Erde, Planeten, Gestirne und das Weltall – und einen Mikrokosmos vor allem von menschlichen Wesen, wobei zwischen Makro- und Mikrokosmos die merkwürdigsten Zusammenhänge und Analogien beschrieben wurden. Dieser Okkultismus, zu einem großen Teil in der Form des Hermetismus (nach der mythischen Figur Hermes Trismegistos) und der Astrologie, wurde sowohl von Paracelsus wie auch von da Vinci gepflegt und war mit eine Ursache dafür, dass das angeblich wissenschaftliche Denken der Renaissance und die kirchliche Lehre in einen tragischen Konflikt gerieten, der auch für die Biologie von Bedeutung war.

15 René Descartes

René Descartes
Geboren am 31. März 1596 in La Haye bei Tours. Schwache körperliche Konstitution, chronischer Husten. Von Jesuiten (gegen seinen Willen) erzogen. Ab 1614 Jurastudium in Paris und Poitiers. Ab 1617 im nassauischen und bayerischen Heeresdienst (mit viel Freizeit). Ab 1625 in Paris, Beschäftigung mit Mathematik, Physik und Philosophie. Ab 1628 Aufenthalt im protestantischen Holland. 1649 Berufung an den schwedischen Hof als Privatlehrer der exzentrischen Königin Christine. Musste dreimal die Woche um 5 Uhr morgens zu ihr durch den Schnee stampfen zur Einführung in die Philosophie; das war zuviel – starb an Lungenentzündung in Stockholm am 11. Februar 1650.

In Descartes' Weltbild gab es keinen Platz für Okkultes, Unverständliches, Unvernünftiges, Irrationales. Aber wie die Welt sonst erklären? Die Idee von verschiedenartigen, mathematisch genau beschreibbaren Naturkräften, die allein die Welt regieren, war noch nicht geboren (den Anfang dazu sollte erst Isaac Newton ein paar Jahre später machen), aber eines war für René Descartes sicher: Materie ist undurchdringlich, und wenn in Bewegung, kann sie diese Bewegung auf andere Materie übertragen. Alles ist Materie und nur Materie, ein Vakuum gibt es nicht. Es war dies das mechanische Weltbild, von dem auch die Biologie nicht verschont blieb.

Laut Descartes werden die Himmelskörper in ihren Bahnen dadurch festgehalten, dass sie fest eingebettet sind in unsichtbare, ballonartige Gebilde einer ätherischen, aber nichtsdestotrotz undurchdringlichen materiellen Substanz. Wie im Großen, so auch im Kleinen; Lebewesen sind zusammengesetzt aus kleinsten, mechanisch aufeinander wirkenden Teilchen. Descartes' Vererbungslehre funktionierte nicht anders als seine Astronomie: Mechanisch aufeinander wirkende Strukturen ergaben in ihren komplexen Wechselwirkungen die Form des Fötus. Der wachsende Organismus entwickelt sich durch die mechanische Bewegung der Teilchen, wobei sich die passenden Bausteine selber zusammenlegen, wenn sie durch ihre zufälligen Bewegungen zusammentreffen.

Sinnesreize werden übertragen durch hydraulische Mechanismen in den Nervenbahnen; überhaupt, ein lebender Organismus, ein Tier, ist nichts als eine komplizierte Maschine, deren Wirken auf mechanischen Prinzipien beruhte. Nun aber rannte Descartes ins offene Messer einer Frage, an der bis heute alle Geister gescheitert sind: Wie steht es mit dem Bewusstsein? Dem Tier, dem Maschinen-Tier, konnte er dieses einfach absprechen. (Er war damit wohl ein Vorläufer gewisser heutiger Neurobiologen, die das Bewusstsein als Täuschung, als Illusion beschreiben und das Phänomen aus der Welt zu schaffen versuchen, indem sie es leugnen.) Doch er selbst, Descartes, wusste, dass er ein Bewusstsein besitzt („cogito, ergo sum"), und durch Extrapolation auf den Menschen im Allgemeinen akzeptierte er die Existenz des Geistes, also doch wieder einer immateriellen Essenz, einer Seele (die übrigens – seiner Ansicht nach – in der Hirnanhangdrüse ihren Sitz hat), welche mittels Willenskraft auf die Materie einwirken konnte. Auch Gott, den er nicht leugnete, ist für Descartes etwas Immaterielles.

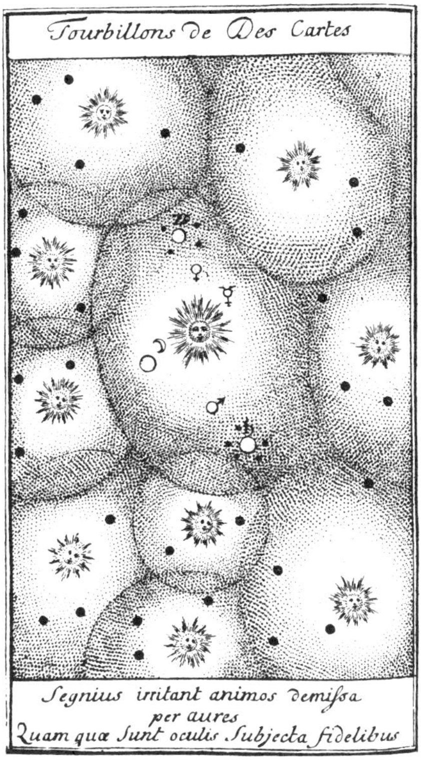

Descartes' Kosmologie aus: Les principes de la philosophie (1640). Das mechanistische Weltbild von Descartes: Die Himmelskörper sind eingebettet in ein undurchdringliches materielles Medium.

Ob dies jedoch Descartes' feste Überzeugung war oder ob er das aus Rücksicht auf die klerikalen Sittenwächter niederschrieb, wird sich wohl nie endgültig klären lassen. Fest steht jedenfalls, dass die Nachricht über Galileis Prozess ihn derart aufschreckte, dass er im letzten Augenblick die Veröffentlichung des alle seine Gedanken umfassenden Buchmanuskripts *Le monde* verhinderte.

16

William Harvey

William Harvey
Geboren am 1. April 1578 in Folkstone (Kent, Südengland). Studium der Medizin in Cambridge, von 1597 bis 1602 in Padua, dann Modearzt in London. Ab 1618 Leibarzt von König James I. und ab 1621 von dessen Nachfolger, Charles I. Verließ London mit dem König während der englischen Revolution, was ihn sein Vermögen kostete. Bis 1646 Professor der Universität Oxford. Gestorben am 3. Juni 1657 in Hampstead.

William Harvey hatte in Padua Medizin studiert und sich dort mit der Anatomie des Vesalius und seiner Schüler vertraut gemacht. Zurück in England baute er eine erfolgreiche Arztpraxis in London auf – ein wichtiger Schritt, um Hofarzt von König James I. und dann von Charles I. zu werden. In diesem Amt hatte er die Freiheit, seine anatomischen Untersuchungen fortzusetzen. Sein Interesse galt zuerst der Funktion des Herzens. Er erkannte den Herzmuskel als eine Pumpe und stellte eine erste einfache, aber entscheidende Frage: Wie viel Blut pumpt das Herz? Es war eine ganze Menge – in weniger als einer halben Stunde pumpte das Herz ein Blutvolumen, das das Volumen des ganzen Körpers übertraf – und so viel Blut konnte unmöglich aus der Nahrung neu entstehen; die gängige Meinung, die sich nach Galen richtete, konnte nicht den Tatsachen entsprechen. Also musste ein Kreislauf stattfinden, den Harvey auch richtig beschreiben konnte. Allerdings beschränkte sich die Beschreibung lediglich auf die Mechanik des Kreislaufs, den Weg des Blutes von den kleinsten Arterien zu den Venen konnte er nicht verfolgen, postulierte aber – völlig richtig – die Existenz von Kapillaren. Seine Schlussfolgerungen basierten auf Beobachtungen des Pulses in den Arterien, der Strömung des Blutes in den Venen, des Herzschlags, der anatomischen Untersuchung des Herzmuskels mit seinen Klappen und Gefäßen und besonders auch auf den Resultaten der Vivisektion von Hunden und Schafen, bei denen er, besonders wenn der Puls sich vor dem Tode verlangsamte, den Weg des Blutes verfolgen konnte. Harveys Schrift *De motu cordis*, in der er seine Resultate 1628 zusammenfasste, passte ideal zu den damaligen Vorstellungen der Natur als ein von mechanischen Kräften bewegtes System. Kein Wunder, dass Descartes Harveys Entdeckung mit Begeisterung zur Kenntnis nahm – auch wenn er sie nicht voll verstanden hatte. Es dauerte aber noch eine Weile, bis endlich auch Galens unsichtbare Poren aus den Lehrbüchern verschwanden.

Über den Zweck des Ganzen – warum das Blut durch die Lungen gepumpt wird, bevor es wieder in den restlichen Körper verteilt wird – wusste Harvey allerdings nichts zu berichten.

Nach dem durchschlagenden Erfolg von *De motu cordis* widmete sich Harvey der Embryologie, in der Hoffnung, ähnlich grundlegende neue Einsichten zu gewinnen. Am Hofe von Charles I. fand er im Damwild des Schlossparks ein passendes Untersuchungsobjekt. Zu verschiedenen Zeiten nach der Brunft sezierte er die weiblichen Tiere und fand bis mehrere Wochen nach der Besamung nichts Außergewöhnliches in der Gebärmutter. Erst dann konnte er, mittels einer Lupe, die sich entwickelnde Frucht erkennen, die er prompt als Ei beschrieb und verallgemeinernd die Maxime „omni ex ovo" prägte. Es war zwar in einem gewissen Sinne richtig, dass alles Leben aus dem Ei kommt, doch genauere Vorstellungen über den Mechanismus der Entwicklung und die Gesetze der Vererbung brachte diese Feststellung nicht; und Harvey hatte die Einsicht, sich nicht ergiebig darüber zu äußern. Als Mechanist hätte er – so erfolgreich er auch bei der Beschreibung des Herzkreislaufs gewesen war – hier wohl keine andere Wahl gehabt, als sich den phantastischen Ansichten seines Zeitgenossen Descartes anzuschließen.

17 Miguel Servetus

Miguel Serveto
Geboren am 29. September 1511 in Tudela (Navarra). Studium des Rechtes in Toulouse und der Medizin in Paris und Lyon. Feuertod am 27. Oktober 1553 in Genf.

Hatte Harvey einen Vorgänger? Auch der Spanier Miguel Servetus kannte sich aus in der Medizin, Astronomie, Astrologie, Theologie, Rechtsprechung, Geographie ... Zu unorthodox für Spanien, wanderte er quer durch Europa. Sein vielseitiges Wissen vermischte er zu einer eigenen Theologie, bei der die Bibel nur verstanden werden konnte, wenn der Mensch sich selber verstehe. Und verstehen wollte Servetus diesen Menschen. Seine anatomischen Studien überzeugten ihn vom Unsinn in Galens Blutkreislauf; er beobachtete, wie die rechte Herzkammer das dunkle, ‚venöse' Blut durch die Lungenarterie in die Lungen pumpte – so viel Blut, wie die Lunge niemals selber brauchen konnte. Also, schloss er, wird das Blut in die Lunge geleitet, um es zu „lüften", um „Lebensgeister" aufzunehmen und um die Körperschlacken abzugeben, um so die Lebensgeister zu erneuern. All dies beschrieb er in einer Schrift, mit der er das Christentum wieder auf den richtigen Weg bringen wollte. Miguel Servetus wurde in Vienne (Rhonetal) verhaftet und von der Inquisition zum Tode auf dem Scheiterhaufen verurteilt. Da es ihm gelang, in letzter Stunde zu fliehen, wurde er als Attrappe verbrannt. Servetus suchte daraufhin Zuflucht bei Calvin in Genf. Dieser jedoch war ebenfalls so entrüstet über seine Schrift, dass auch er ihn zum Tode durch den Scheiterhaufen verurteilen ließ – ein Urteil, das dann auch vollstreckt wurde. Miguel Servetus ist einer der wenigen Ketzer, die zweimal verbrannt wurden, einmal von den Katholiken, dann nochmals von den Protestanten.

Francesco Redi 18

Francesco Redi
Geboren am 19. Februar 1625 in Arezzo, Toskana. 1647 Abschluss des Studiums der Medizin und der Philosophie an der Universität Pisa. Wirkte am Hof der Medici als Leibarzt der Großherzöge Ferdinand II. und Cosimo III., als Forscher, als Literat und Linguist (Pionier der Dialektforschung). Gestorben am 1. März 1698 in Pisa.

Allerhand Gewürm würde sich aus Erde und Schlamm, besonders wenn es warm ist, entwickeln; das wusste schon Aristoteles zu berichten. Selbst Mäuse konnten angeblich aus versteckten alten Lappen entstehen, so die Meinung des Belgiers Johann von Helmont (1577–1644), der sich für einen kritischen, exakt denkenden Naturbeobachter hielt. (So hatte er beispielsweise Weidenzweige in einen Topf mit Erde gesteckt, das Ganze gewogen und fünf Jahre lang nur mit reinem Regenwasser gegossen. Da danach die Erde fast genau dasselbe Gewicht beibehalten hatte, glaubte er, den Beweis erbracht zu haben, dass die Pflanzen im Wesentlichen aus reinem Wasser entstehen.)

Auch sein Zeitgenosse Francesco Redi war ein rational denkender Mensch. Er war, zusammen mit Giovanni Borelli, Gründungsmitglied der florentinischen ‚Accademia del Cimento', einer Gelehrten-Akademie, die sich der experimentellen Erforschung der Natur widmete. Und Redi, inspiriert durch eine Passage der *Ilias*, in der Achilles befiehlt, den toten Körper eines Mitstreiters zuzudecken, damit keine Fliegen sich auf ihm ausbreiten, hatte sich dazu ein Experiment ausgedacht. Um zu ergründen, ob Fliegen spontan aus faulendem Fleisch entstehen, nahm er mehrere mit Fleisch bestückte Gefäße und bedeckte die einen mit Gaze, während die anderen unbedeckt blieben. In allen Gefäßen begann das Fleisch im Laufe der Tage gleichermaßen zu faulen, aber nur im Fleisch, das den Fliegen zugänglich war und wo sie ihre Eier ablegen konnten, entwickelten sich Maden, die sich verpuppten und aus denen Fliegen schlüpften. Aus unterschiedlichen Puppen schlüpften unterschiedliche Fliegen, die Fleischsorte war nicht entscheidend.

Neben seiner wissenschaftlichen Tätigkeit war Redi am Hofe der Medici als Leibarzt von Großherzog Ferdinand II. angestellt. „Noblesse oblige", muss er sich dabei gedacht haben, als er das Ausgangsmaterial für seine Versuche auswählte: Fleisch von edlen Wappentieren, wie Hirsch, Tiger, Löwe, Büffel, Schwertfisch, Schwalbe, Schlange etc.

19 Marcello Malpighi

Marcello Malpighi
Geboren am 10. März 1628 in Crevalcore bei Bologna. Medizinstudium in Bologna. Ab 1653 Professor in Bologna und an anderen Universitäten Italiens. Ab 1691 Privatarzt von Papst Innozenz XII. Gestorben am 30. November 1694 in Rom.

Jedem Medizinstudenten ist Malpighi im Histologie-Unterricht schon begegnet: Die Malpighi'schen Glomeruli im Nierengewebe wurden von Marcello Malpighi, Professor in Bologna, beschrieben und später nach ihm benannt. Kein Wunder, dass er diese Leistung mikroskopischer Anatomie vollbrachte, denn Malpighi war einer der Ersten, die über ein halbwegs leistungsfähiges Mikroskop verfügten (mit bis zu ca. 200-facher Vergrößerung), und seiner Neugierde ließ er freien Lauf; alle nur erdenklichen biologischen Objekte hatte er schon untersucht. So war ihm auch nicht entgangen, dass in den Schwänzen lebender Kaulquappen oder in der Flughaut von Fledermäusen die Blutkörperchen sich durch minimale Verzweigungen zwängten, womit er den Beweis erbrachte für die von Harvey postulierten Verbindungen des arteriellen mit dem venösen Gefäßnetz.

In der Samenflüssigkeit von Fröschen hatte Malpighi auch – fast zeitgleich mit Leeuwenhoek – die Spermien, die „Samentierchen", entdeckt. Über die Funktion dieser Samentierchen sollten sich bald erhitzte Gelehrtenstreitigkeiten ergeben. Während die einen glaubten, ein einzelnes Spermatierchen sei für die Befruchtung eines Eis verantwortlich, wiesen andere diese Meinung empört zurück: Wenn nur eines nötig war, wozu dienten denn die Tausenden anderen? Gott war kein Verschwender, und so wurde postuliert, aufgrund der Bewegungen der Spermien werde verhindert, dass die Samenflüssigkeit gerinne, oder die Samentierchen seien einfach unnütze Parasiten.

Malpighis Interesse an der Befruchtung und der Keimentwicklung führte ihn auch zu Untersuchungen an Hühnereiern; er glaubte, die kleinen, weißen Flecken an unbefruchteten Eiern seien schon die Vorstufen des Embryos, der nach der Befruchtung nur noch wachsen und sich entfalten müsse.

Damit wurde Malpighis Meinung jetzt für die Gelehrtenwelt spannend und bildete mit den Grundstein für einen polemischen Streit, der über 150 Jahre anhalten sollte. Mit seiner angeblichen Beobachtung des Fötus im unbefruchteten Ei geriet Malpighi nämlich in Widerspruch zu den angeblichen Beobachtungen von Vertretern einer Schule in den Niederlanden, die glaubten, solch winzige Föten – Homunkuli genannt – in den menschlichen Spermazellen gesehen zu haben.

20 Anthony van Leeuwenhoek

Anthony van Leeuwenhoek
Geboren am 24. Oktober 1632 in Delft. In einfachen Verhältnissen aufgewachsen, kein Studium. Lebensunterhalt durch viele verschiedene Jobs, schließlich in der Verwaltung der Gemeinde von Delft – offenbar mit viel Freizeit, die er dem Linsenschleifen und dem Mikroskopieren widmete. 1680 Fellow of the Royal Society. Gestorben am 26. August 1723 in Delft.

Anthony van Leeuwenhoek in Delft, der wie kein anderer die Kunst des Mikroskopierens entwickelt hatte, glaubte tatsächlich, dass in jedem Spermafaden ein Homunkulus sitzt, der – wenn es ihm gelingt, sich in der Gebärmutter zu verankern – zum Fötus heranwächst. Unterstützt wurde er in dieser Ansicht von seinem Landsmann Niklaas Hartsoeker, heute hauptsächlich bekannt durch seine detaillierte Zeichnung des im Sperma schlummernden Homunkulus. Aber auch berühmte, hoch angesehene Gelehrte wie Herman Boerhaave in Leyden (weder Leeuwenhoek noch Hartsoeker waren akademisch gebildet) vertraten diese Ansicht, die sich zu einer emotional verfochtenen Überzeugung und zu einer voll entwickelten Theorie verfestigte: die Präformationslehre. Diese besagte, dass in den Keimzellen schon der vorgebildete Fötus mit allen Organen und Geweben existiert, der nach dem Zeugungsakt sein Wachstum aufnimmt und sich zu einem sichtbaren Individuum vergrößert. Diese Betrachtungsweise hatte den Vorteil, leicht verständlich zu sein und die vielen Probleme zu umgehen, die die Bildung eines neuen Individuums aus einer undifferenzierten Masse aufwarf – man denke z. B. an Descartes mit sei-

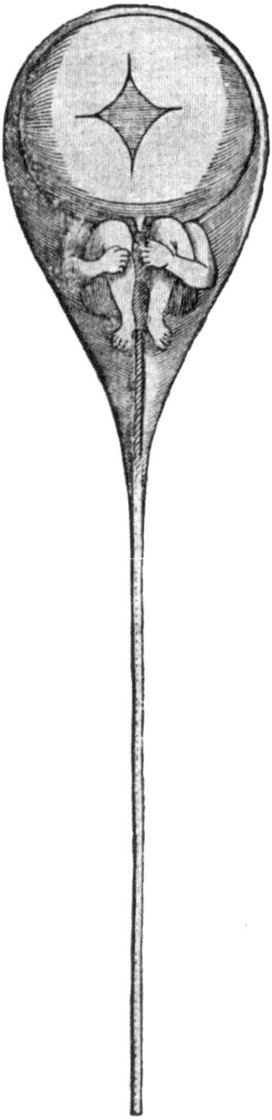

Ein Spermatierchen, wie es von Nicolas Hartsoeker (1656 – 1725) aufgefasst wurde. Man beachte die Fontanelle am Schädel und die Nabelschnur im Schwanz.

ner abenteuerlichen Vorstellung von den Teilchen, die von selbst zusammenfinden (woher kamen diese übrigens?), oder an Harvey mit seinen vagen Andeutungen, dass es schon so etwas wie ein ordnendes Prinzip gebe. Die ganzen Strukturen waren eben schon da und brauchten nur noch ‚aufgeblasen' zu werden, vergrößert durch die Nahrung, so die Präformationslehre. Diese verlagerte das Problem der Bildung komplexer Strukturen zurück bis zum Zeitpunkt der Erschaffung des Lebens, sodass es sich der wissenschaftlichen Forschung entziehen und von Anbeginn dem weisen und allmächtigen Schöpfer in die Schuhe geschoben werden konnte. (Die Idee des ‚Intelligent Design' ist also keine Erfindung des 20. Jahrhunderts.)

Die Präformationslehre führte natürlich zur zwingenden Annahme, dass sich im Homunkulus selber, in seinen miniaturisierten Keimzellen, die noch kleineren Homunkuli der nächsten Generation und in denen wiederum die der übernächsten befanden, und so fort. In einer Zeit, in der die atomare Struktur der Materie nicht zur Diskussion stand, erschien diese sogenannte Einschachtelungstheorie keineswegs so absurd wie sie uns heute vorkommt; außerdem musste der Vorrat an ineinandergeschachtelten ‚russischen Puppen' nicht ewig reichen, sondern nur bis zum Jüngsten Tag.

Insofern waren sich alle Präformisten einig. Der Streit entbrannte ob der Frage, welche Keimzellen den Homunkulus beherbergten, die männlichen oder die weiblichen. Wie schon erwähnt, vertrat Malpighi die Meinung, es seien die weiblichen; er war ein ‚Ovist'. Seine Widersacher, wie Leeuwenhoek, Hartsoeker und Boerhaave, waren die ‚Animalkulisten' (die Homunkuli sind in den „Samentierchen"), auch ‚Spermatisten' oder ‚Spermisten' genannt. Die Streitigkeiten zwischen diesen beiden Lagern tobten über Jahrzehnte hinweg, ohne dass eine gewichtige Entscheidung herbeigeführt werden konnte – bis im Jahre 1741 der Genfer Naturforscher Charles Bonnet die Jungfernzeugung, die Parthenogenese, bei Blattläusen entdeckte. (Die Weibchen dieser Insekten können in den Sommermonaten normal sich entwickelnde Eier legen, ohne von Männchen befruchtet worden zu sein; erst im Herbst gehen die Weibchen zur sexuellen Paarung über.) Dies war, so schien es, ein offensichtlich vernichtender Schlag gegen die Spermisten. Doch diese gaben sich nicht so schnell geschlagen: Blattläuse, so wurde argumentiert, seien in Wirklichkeit überdimensionierte, metamorphosierte Spermien.

Die Präformationslehre als solche konnte durch solcherlei Schlagabtausch zwischen Ovisten und Spermisten nicht ernsthaft erschüttert werden, wenn auch einzelne Forscher und Gelehrte, wie Albrecht von Haller, im Laufe ihres Lebens das Lager wechselten.

21 Abraham Trembley

Abraham Trembley
Geboren 1710 in Genf. Ab 1733 Lehrer in Den Haag und Leiden, dann London. 1743 Mitglied der Royal Society. Ab 1757 Privatlehrer in Genf, später Mitglied des Großen Rates der Stadt. Gestorben in Sacconex bei Genf, 1784.

Die Vorstellung, dass in jedem kleinsten Stückchen Hydra ein dem Homunkulus äquivalentes Gebilde sitzen müsse, stürzte die Präformationslehre in eine Krise.

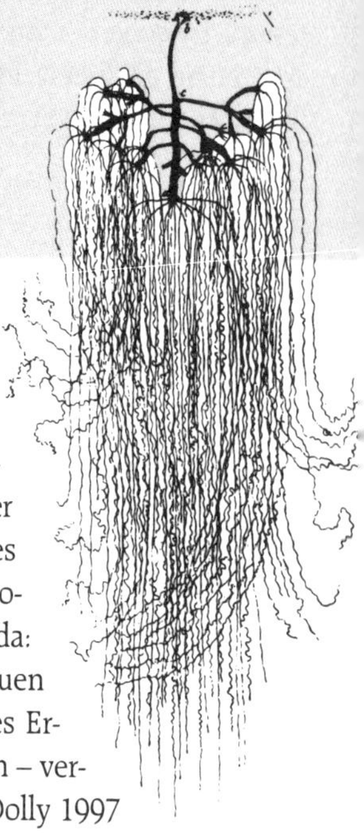

Die erste große Erschütterung erlitt die Präformationslehre durch eine heute völlig banal erscheinende Beobachtung: die Regeneration beim Süßwasserpolypen. Abraham Trembley war Mitglied der ‚Royal Society' in London, und da berichtete er eines Tages etwas Unerhörtes: Er hatte den Süßwasserpolypen entdeckt und dann zerstückelt – und siehe da: Jedes einzelne dieser Stücke wuchs zu einem neuen Polypen heran. Diese Entdeckung löste allgemeines Erstaunen, ja Ungläubigkeit aus, es war eine Sensation – vergleichbar vielleicht mit der, die das geklonte Schaf Dolly 1997 auslöste. Der Physiker und Naturforscher Réaumur schrieb: „Als ich das erste Mal sah, wie sich ganz allmählich zwei Polypen bildeten, ausgehend von einem, den ich in zwei geschnitten hatte, da konnte ich kaum meinen Augen trauen, und es ist eine Tatsache, an die ich mich noch immer nicht gewöhnt habe, nachdem ich sie Hunderte und Hunderte von Malen beobachtet habe. Ich kenne niemanden, der das geglaubt hat, als er es zum ersten Mal hörte." Und Albrecht von Haller, der große Pionier der Physiologie, meinte: „Vor der Entdeckung der Regeneration des Polypen durch Trembley glaubten fast alle an die Präexistenz des Fötus im Sperma oder Ei [Haller selber war zu Anfang seiner Karriere Spermist, beeinflusst durch seinen Lehrer Boerhaave]; jetzt jedoch kommen diese Ansichten zu einem Ende."

Albrecht von Haller

22

Albrecht von Haller
Geboren am 16. Oktober 1708 in Bern. Sohn einer Patrizierfamilie. Studierte Medizin und Botanik in Leiden. Studienaufenthalte in London, Oxford, Paris, Basel. Ab 1729 Arztpraxis in Bern. 1736–1753 Professor für Botanik, Anatomie und Physiologie an der neu gegründeten Universität Göttingen. 1743 Fellow of the Royal Society. 1753 Rückkehr nach Bern aus Heimweh. Als Privatgelehrter widmete er sich Untersuchungen über Muskeln und Nerven. Bekleidete einige staatliche Ämter. Gestorben am 17. Dezember 1777 in Bern.

Es war tatsächlich schwer vorstellbar, dass es nicht nur in den Eiern oder im Samen, sondern in allen Körperteilen, überall im Gewebe, nur so von Homunkuli wimmeln sollte. Es musste also vielleicht doch so sein, dass ein ordnendes Prinzip Strukturen aus völlig unstrukturierter Materie bilden konnte, und Haller war überzeugt, dass man in einigen Jahren würde beweisen können, dass höhere Tiere (und Pflanzen) aus einer unstrukturierten Flüssigkeit entstehen, die sich verdichtet und die sich selber allmählich organisiert, Gesetzen folgend, die uns unbekannt sind, die aber die ewige Weisheit Gottes unveränderlich gestaltet hat. Haller bekannte sich jetzt zur sogenannten Epigenese und beschrieb diese ausführlich in einem seiner Hauptwerke, dem monumentalen *Primae lineae physiologiae.* Es war dies eine Theorie der bildenden Kräfte, die die Keimesentwicklung lenken, ausgehend von einem unstrukturierten Ausgangsmaterial. Hartnäckig stellte er sich immer wieder die rhetorische Frage: Aber durch welche Weisheit wird diese Konstruktion regiert, die so komplex, im Wesentlichen konstant ist, aber doch wieder so variabel von Organismus zu Organismus? Könnten die Kräfte vergleichbar sein mit denen, die die Nadeln des Eises, die Salzkristalle bilden oder auch die Feldlinien im Metallstaub an einem Magneten? Während es dem menschlichen Vorstellungsvermögen nicht als absurd vorkam, dass z. B. Salzkristalle, blinden Kräften gehorchend, heranwachsen, erschienen die Kräfte, die für die Bildung der unendlichen Vielfalt der Organismen postuliert werden mussten, alles andere als blind. Im Gegenteil, es mussten diese sehr ‚intelligente' und ‚wachsame' Kräfte sein, die in einem Fall eine Katze, dann eine Maus oder ein Huhn zusammenbastelten, mit allen Einzelheiten, allen Fasern, Membranen, Gefäßen, Muskeln, Knochen, Haut und Haaren.

Doch intelligente Kräfte waren sehr suspekt. Wie soll man intelligente Kräfte abgrenzen können gegen intelligente mystische Konstrukte, gegen Geister? Selbst Newtons mathematisch genau beschriebene Schwerkraft war für viele rational denkende Menschen nicht ohne Weiteres zu akzeptieren: Eine Kraft, die nicht materiell ist und trotzdem eine unerklärliche Fernwirkung auf andere Materie ausübt, diese Vorstellung war für das mechanistische Weltbild absurd. Intelligente Kräfte waren eigentlich Hexerei. Und das in einer Zeit, in der noch Hexen verbrannt wurden und Haller selber schon als wissenschaftlicher Gutachter bei Hexenprozessen herangezogen worden war! Die Fragen, die die Theorie der intelligenten Kräfte aufwarf, müssen für Haller eine große psychische Belastung gewesen sein und spielten sicher eine entscheidende Rolle bei seiner Wiederbekehrung zur Präformation, diesmal allerdings gesellte er sich ins Lager der Ovisten. Denn inzwischen hatte er – wie schon Aristoteles und Malpighi – die Entwicklung des Kükens im Hühnerei untersucht und über viele Jahre hinweg detaillierte Beobachtungen angestellt, die er als überzeugende Belege für die Präformation wertete. Nicht dass er behauptet hätte, dass er die Homunkuli-Äquivalente des Huhns tatsächlich gesehen habe – dazu war er zu kritisch und zu ehrlich –, aber, so Haller, es sei ein fundamentaler Fehler zu behaupten, dass etwas, das nicht direkt beobachtet werden kann, auch nicht tatsächlich existiere! Denn die vorgebildeten Strukturen des Fötus seien derart hauchdünne und durchsichtige Membranen, dass sie einer direkten Beobachtung entgingen. Aber sie seien da! Als einer der für ihn überzeugendsten Beweise galt die Tatsache, dass der Dottersack kontinuierlich in die Wände des fetalen Darmes übergeht, und da der Dottersack schon von Anfang an existiert, müssen auch die Strukturen, die kontinuierlich mit ihm verbunden sind, schon existieren, z. B. auch die Blutgefäße, wenn diese auch erst später sichtbar werden.

So musste es sein, denn die Alternative der bildenden Kräfte war zu angsterregend – und auch zu diffus. Davon war Haller besonders überzeugt nach der Lektüre von Buffons *Histoire Naturelle*, die 1749 erschienen war – 1752 in deutscher Übersetzung. Die beiden fundamentalen Begriffe bei Buffon, „organische Partikel" (eigentlich die Nahrungsmoleküle, wie wir es heute verstehen) und die „moule interieur", waren für Haller zu hypothetisch, spekulativ und vage. Besonders der Begriff der „moule interieur" war nicht überzeugend. Es war dies eine Art innere Gussform, in die sich die organischen Partikel hineinstürzten und sich von ihr zu einer vorgegebenen Struktur zusammenfügen ließen.

Da Haller von der Unausweichlichkeit der Präformation überzeugt war, ist leicht zu verstehen, wie skeptisch er auf die unerwartete Zusendung von umfangreichen Beschreibungen in Bild und Text reagierte von – ausgerechnet – der Entwicklung des Kükens im Ei, und zwar mit einem engagierten Plädoyer für die „vis essentialis", die bildende Kraft, die hinter dieser Entwicklung stecken müsse. Der Autor: ein unbekannter junger Forscher namens Caspar Friedrich Wolff.

23 Caspar Friedrich Wolff

Caspar Friedrich Wolff
Geboren am 18. Januar 1734 in Berlin. Medizinstudium in Berlin und Halle/Saale. 1761 Lazarettarzt im Siebenjährigen Krieg. 1763 als Privatdozent öffentliche Vorlesungen über Anatomie in Berlin. 1766 Berufung an die St. Petersburger Akademie der Wissenschaften durch Katharina II. Dort Professor für Anatomie bis zu seinem Tode am 22. Februar 1794.

Unbeeindruckt von der Kontroverse zwischen Ovisten und Spermisten, hatte auch Caspar Friedrich Wolff in Berlin lange Jahre die Bildung des Hühnerembryos untersucht. Er konnte es drehen und wenden wie er wollte, nirgends war der vorgebildete Embryo zu sehen. Im Gegenteil, Wolff beobachtete und beschrieb genau, wie sich aus einer völlig unstrukturierten, gläsernen Flüssigkeit erst ein Schlauch bildete, der anfing zu pulsieren und sich dann zum Herzen faltete; wie sich aus der klaren Flüssigkeit heraus Bläschen bildeten, die dann zu Lungen wurden; Augen, Darm, alle Organe bildeten sich neu, aus unstrukturierter Flüssigkeit, geformt von „bildenden Kräften", die da offensichtlich am Werk waren: die „vis essentialis". Diese Kräfte waren in der Lage, die homogene Flüssigkeit des frühen Keims zu strukturieren, Anlagen für die Organe zu bilden und das Wachstum der Gewebe zu steuern. Es mussten dies Kräfte sein, die subtile Unterschiede in der Entwicklung herbeiführen konnten, die zwischen verschiedenen Arten unterscheiden konnten … Es gab dazu keine Alternative, denn es ließen sich mit dem besten Willen keinerlei Beobachtungen anstellen, die mit der Präformation in Einklang zu bringen waren.

Wolff wandte sich an den größten Gelehrten seiner Zeit, Albrecht von Haller, um ihn um Rat zu fragen. Es entspann sich ein Briefwechsel, der über zehn Jahre dauerte, mit höflichen, gegenseitigen Ehrerbietungen, die aber letztendlich intellektuell folgenlos blieben – es gelang keinem der beiden Kontrahenten, seinen Widersacher zu überzeugen.

Ob seine – von der des großen und wertgeschätzten Kollegen Haller abweichende – Meinung für Wolff persönliche Konsequenzen hatte, kann nur vermutet werden. Jedenfalls fiel es ihm schwer, im deutschen Universitätswesen eine feste Stelle zu finden, was ihn schließlich bewog, einem Ruf der Kaiserin Katharina II. nach St. Petersburg zu folgen, wo er den Rest seines Lebens als Forscher und Lehrer verbrachte.

Das Kernstück von Wolffs Interpretation der Keimesentwicklung ist gerade das, was Haller ablehnte: eine bildende Kraft, die genau weiß, wie eine undifferenzierte, unstrukturierte Flüssigkeit zu gestalten ist, um aus ihr die Form eines Fötus zu entwickeln. Seine „vis essentialis“ ist zwar eine natürliche Kraft – keinerlei übernatürliche Faktoren sind dabei im Spiel. Aber die Fähigkeit, biologische Phänomene zu verstehen, war durch die Theorie der Epigenese nicht wesentlich gestärkt im Vergleich zur Präformation. Allerdings meinte Wolff, die Epigenese löse ein besonderes Problem, das die präformistische Weltanschauung hervorgebracht hatte: das Problem der Monstrositäten (mit denen sich Wolff in St. Petersburg ausführlich beschäftigt hatte; eine von ihm angelegte Sammlung ist heute noch im Institut für Pathologie der Universität St. Petersburg zu sehen). Denn Monster, z. B. ein Kind mit zwei Köpfen oder ein Kopf mit zwei Gesichtern, hätten ja im Sinne der Präformation direkt von Gott dem Allmächtigen, durch einen aktiven Schöpfungsakt, produziert werden müssen, als er das Leben schuf, was – trotz der allgemein akzeptierten Unergründlichkeit seines Willens – eher merkwürdig schien. Nach der Theorie der bildenden Kräfte, der „vis essentialis“, hatte Gott aber nur die Kräfte direkt erschaffen, deren Entfaltung dann, allerdings indirekt, durch gelegentliches Missgeschick, gestört werden konnte (so wie bei einem Gewitter der Blitz das Haus eines Gerechten treffen konnte, ohne gezielte, willentliche Entscheidung Gottes).

Das Wesen der bildenden Kräfte in der Embryonalentwicklung zu ergründen, blieb eine Triebfeder für Generationen von Forschern und hat viele an der wissenschaftlichen Analysierbarkeit von Lebensphänomenen, insbesondere im Rahmen der Entwicklungsgenetik, zweifeln lassen. Hans Adolf Driesch (1867 – 1941; ein Schüler von A. Weismann, der hauptsächlich in Heidelberg, Köln und Leipzig wirkte) ist eines der extremen Beispiele für die Unfähigkeit, die damit verbundenen intellektuellen Schwierigkeiten zu meistern: Er wandte sich von der Wissenschaft ab und verschrieb sich der Mystik, in der Hoffnung, einen besseren Zugang zum Verständnis der Welt zu erwerben.

Die Kontroversen der Präformisten mit den Epigenetikern sind bis heute eigentlich nicht gelöst. Ist die DNA im Grunde ein transfigurierter Homunkulus oder ist sie die bildende Kraft? Als Trägerin genetischer Information bildet und formt sie den heranwachsenden Keim; andererseits ist sie keine immaterielle Kraft, keine reine Information, sondern Materie – also ist der Fötus doch in einer gewissen Weise „präformiert". Sogar die Einschachtelungstheorie kann als im Grunde gerechtfertigt angesehen werden: Da die DNA eines Genoms über ein Programm zur Bildung identischer Nachkommen-DNA verfügt, sind in ihr – in einem ideellen Sinne – alle Nachkommengenerationen eingeschachtelt.

Aber lange bevor solcherlei Gedanken erarbeitet werden konnten, die sowohl den Präformisten wie den Epigenetikern entgegengekommen wären, verlor sich das Interesse an dieser Thematik. Denn inzwischen war neuer Zündstoff aufgetaucht, an dem sich die Gemüter mit unverbrauchtem Elan erhitzen konnten: die Sexualität der Pflanzen.

24 Rudolf Jacob Camerarius

Rudolf Jacob Camerarius
Geboren am 17. Februar 1665 in Tübingen. Studium der Philosophie und der Medizin in Tübingen. Studienreisen nach Holland, England und Frankreich. 1688 Direktor des Botanischen Gartens, Tübingen. 1695 Professor für Medizin in Tübingen, wo er am 11. September 1721 starb.

Während der Streit zwischen Ovisten und Spermisten einerseits und zwischen diesen und den Epigenetikern andererseits weitertobte, sorgte ein Tübinger Arzt, der auch Direktor des Botanischen Gartens war, im Jahr 1694 für neuen Zündstoff mit seiner *Epistola de sexu plantarum*, einem offenen Brief, in dem er die Sexualität der Pflanzen postulierte und experimentell belegte. Er hatte, z. B. bei Mais und Spinat, die Samenproduktion verhindert, indem er die weiblichen Blütenstände von den Pollen abschirmte; und auch bei zweigeschlechtlichen Blüten konnte er die Samenproduktion unterbinden, indem er die Staubgefäße rechtzeitig entfernte und die Blüten vor Fremdbefruchtung schützte.

Camerarius verglich den pflanzlichen Pollen mit dem tierischen Sperma und die Fruchtknoten mit den Eierstöcken. Dies löste einen Sturm der Entrüstung aus. Dass den Pflanzen als niedere, seelenlose Formen in der großen Kette des Seins Sexualität zugesprochen wurde, war schockierend genug. Aber im Zeitalter der ‚natürlichen Theologie', in der Gottes Natur als Vorbild für den Menschen galt und seiner Erbauung dienen sollte, war es schlichtweg inakzeptabel, dass diese Sexualität sich im Pflanzenreich in einer derart promisken Form äußerte. Die Idee, dass Blüten offen zur Schau getragene und sogar noch verzierte Sexualorgane darstellten, war unerträglich. „Wer könnte jemals denken, dass Gott der Allmächtige eine so schändliche Hurerei zum Zwecke der Fortpflanzung im Pflanzenreich zulässt? Wer kann seinen jungen Studenten im Unterricht ein so lüsternes System erklären ohne zu erröten, ohne einen Skandal zu provozieren?" Diese Worte von J. C. Siegesbeck, Professor der Botanik in St. Petersburg, waren vielen seiner pietistischen Kollegen aus der Seele gesprochen. Camerarius war es gelungen, ein Thema für einen neuen, über 100 Jahre dauernden Gelehrtenstreit zu etablieren.

25 Joseph Gottlieb Kölreuter

Joseph Gottlieb Kölreuter

Geboren am 27. April 1733 in Sulz am Neckar. Studium der Medizin und Botanik, Universität Straßburg und Tübingen. 1756 Adjunkt der Akademie der Wissenschaften in St. Petersburg. 1761 zurück nach Deutschland. Ab 1763 Direktor des Markgräflichen Botanischen Gartens und Professor für Naturgeschichte in Karlsruhe, wo er am 12. November 1806 starb.

Eine erste, spektakuläre Bestätigung der Sexualität der Pflanzen lieferte der Botaniker Johann Gottlieb Gleditsch 1749, als er ein bislang nie Samen tragendes, weibliches Exemplar einer Palme (*Chamaerops humilis*) im Berliner Botanischen Garten wiederholt zur Samenbildung brachte durch die Bestäubung mit Pollen eines männlichen Exemplars, das er sich aus dem Leipziger Garten hatte zuschicken lassen. So einleuchtend dieser Versuch war – kaum jemand war bereit, die Hypothese der Sexualität der Pflanzen zu akzeptieren, diese Vorstellung war immer noch zu schockierend.

Einer jedoch, der sich von Camerarius' Arbeiten hatte überzeugen lassen, war Joseph Gottlieb Kölreuter. Und er setzte sich als Lebensziel, seine Ansichten auch den renitentesten Skeptikern zu beweisen.

Geboren in Sulz am Neckar, als Sohn des Dorfapothekers, studierte er Medizin in Tübingen und wurde dann Assistent an der Akademie der Wissenschaften in St. Petersburg. Dort widmete er sich seinem Hobby, Pflanzenvarietäten miteinander zu kreuzen. Alles war sehr umständlich – er hatte keinen Garten, und als ein paar Jahre später seine Assistentenzeit zu Ende ging, nahm er seine ganze Sammlung von Blumentöpfen als Gepäck mit nach Hause. Zwei Jahre später, 1763, fand er eine Gönnerin, die begeisterte Botanikerin, „Vielwisserin und Vielfragerin" Caroline Luise, Frau des badischen Markgrafen Karl Friedrich. Sie ernannte ihn zum Direktor des Schlossgartens in Karlsruhe. Endlich hatte Kölreuter einen ganzen Garten, ließ sich auf eigene Kosten ein Gewächshaus bauen und heizte es auch auf eigene Kosten. Er schrieb in die ganze Welt, um sich alle möglichen exotischen Pflanzen und Samen zu besorgen.

Im Laufe der Jahre sollte er an die 1000 Kreuzungen mit über 100 Pflanzenarten durchführen und genau beschreiben. Einige der wichtigsten Versuche waren seine ersten: Er kreuzte zwei Arten von Tabak, *Nicotiana rustica* und *Nicotiana paniculata*, die sich in mehreren Merkmalen unterschieden, z. B. hinsichtlich der Form und Farbe der Blüten, Ansatzwinkel der Blätter, Größe der Stängel etc. Die direkten Nachkommen dieser Kreuzung (heute als F1 bezeichnet) waren in ihrem Aussehen alle identisch und zeigten in allen Merkmalen Zwischenformen zu den Eigenschaften der beiden Eltern, übertrafen diese aber mit ihrem üppigen Wuchs. Das schärfste Auge konnte keine äußere Unvollkommenheit dieser Pflanzen erkennen, doch Kölreuter staunte: Ihre Pollenkörner waren leere, geschrumpfte, zerknitterte Hüllen. Es bildeten sich dann auch nur ein paar Samen anstelle der über 50 000 einer normalen Pflanze. Aller menschliche Scharfsinn zusammengenommen reichte nicht aus, um das zu verstehen.

Mit Hybriden von vielen anderen Pflanzen fand Kölreuter die zu den Eltern intermediären Eigenschaften bestätigt, aber ihre Fruchtbarkeit, und auch die der folgenden Generationen, war normal, so z. B. bei Nelken, Erbsen, Tomaten, der Wunderblume *Mirabilis jalapa* etc. Und im Gegensatz zur immer uniformen F1 war in den weiteren Hybridengenerationen eine unglaubliche Vielfalt von Kombinationen der Merkmale der Eltern zu beobachten, so z. B. auch Individuen, die den ursprünglichen Elterntypen glichen. Kölreuter versuchte sich in allen möglichen Kreuzungsarten – Rückkreuzungen der Hybriden mit den ursprünglichen Eltern, Drei-Eltern-Kreuzungen und vieles mehr. So konnte er auch ausschließen, dass eine Pflanze aus der Befruchtung mit zwei verschiedenen Pollenkörnern hervorging. Er freute sich immer wieder über seine Beobachtungen und seine Begeisterung blieb über Jahre hinweg ungetrübt. Er glaubte, seine Ergebnisse endlich deuten zu können. Erstens glaubte er, die Sexualität der Pflanzen endgültig bewiesen zu haben und dazu noch die genetische Gleichwertigkeit der Geschlechter, denn die Resultate waren immer dieselben, ob er Pollen der einen Art auf die Narben der zweiten Art brachte oder umgekehrt. Und zweitens glaubte er mit seinen Beobachtungen die immer noch herumgeisternde Präformationslehre widerlegt zu haben, denn es konnten weder die Spermisten noch die Ovisten recht haben, wenn beide Geschlechter denselben Beitrag zu den Eigenschaften der Nachkommen lieferten. Und drittens glaubte Kölreuter, es sei ihm gegönnt, tiefere Einsichten in Gottes Wille und Gottes Werk gewonnen zu haben. Denn die bange Frage der Konstanz der Arten war inzwischen aufgetaucht: Können durch Kreuzungen zwischen Vertretern verschiedener Arten neue Arten entstehen – Arten, die Gott nicht von Anfang an geschaffen hatte? Kölreuter war überzeugt, dies entschieden verneinen zu können: Der Schöpfer hatte dem einen dreifachen Riegel vorgeschoben. Als Erstes hatte Er eine geographische Barriere geschaffen: Ähnliche Pflanzen, die sich nicht kreuzen sollten, hatte Er in verschiedenen Gegenden, in verschiedenen Kontinenten angesiedelt. Wurde diese erste Barriere durchbrochen (z. B. wenn Forscher wie Kölreuter sich aus aller Welt Samen zuschicken ließen), dann kam die zweite Barriere zur Geltung, die Sterilität der Hybride. Und wenn auch diese versagte, wirkte die Segregation der vermischten Eigenschaften in den folgenden Hybrid-Generationen. Die Vererbungssäfte, die sich nicht mischen sollten, versuchten dann, in letzter Instanz, von sich aus, sich in den folgenden Generationen wieder zu trennen. (Es sollten noch einige Jahrzehnte verstreichen, bis Gregor Mendel die Segregation korrekt deuten würde, und die Ursache der Sterilität wurde erst im 20. Jahrhundert klar: *Nicotiana rustica* ist tetraploid – mit 24 = 4n Chromosomen – und *Nicotiana paniculata* ist diploid – mit 12 = 2n Chromosomen –, die triploide F1 kann daher keine normale Meiose durchlaufen.)

Nach dem Tod seiner Gönnerin, der Markgräfin Caroline, im Jahr 1783 verlor Kölreuter seinen Posten als Direktor der Schlossgärten. Er wurde krank, hatte Ärger mit einigen seiner sechs Kinder und – vor allem – er musste wieder mit Töpfen und ohne einen großen Versuchsgarten arbeiten. Er glaubte immer noch, dass auch die starrköpfigsten Zweifler sich aufgrund seiner Versuche von der Sexualität der Pflanzen überzeugen müssten, aber er starb 1806 verbittert, weil ihm niemand Gehör schenkte.

26 Carl von Linné

Carl von Linné
Geboren am 23. Mai 1707 in Råshult (Schweden). Ab 1727 Studium der Medizin in Lund und Uppsala. 1732 Reise nach Lappland. 1733 Reisen nach Leiden, Amsterdam, London, Oxford. Ab 1741 Professor für Medizin und Direktor des Botanischen Gartens an der Universität Uppsala. Gestorben am 10. Januar 1778 in Uppsala.

„Keinem Sterblichen vor ihm hat Gott erlaubt, mehr von seinem Werk zu sehen, kein Sterblicher vor ihm hat mehr methodisch vorzügliche Bücher aus eigener Erfahrung verfasst;
kein Sterblicher vor ihm hat eine ganze Wissenschaft grundlegend verändert, eine neue Epoche eingeleitet;
keiner hat so viele Schüler in so viele Länder der Welt geschickt (...)
wie er, Carolus Linnaeus."

Diese Selbsteinschätzung, wenn vielleicht auch etwas arrogant, war nicht völlig falsch. Denn Carl von Linné wurde der bekannteste Botaniker des 18. Jahrhunderts, schon zu Lebzeiten ein Idol, ein Held seiner schwedischen Heimat.

Nach einer fünfmonatigen, mühevollen wissenschaftlichen Expedition nach Lappland und einem Medizinstudium in Holland kehrte der Sohn eines Dorfpfarrers nach Schweden zurück, um endlich seine Verlobte, die zu Hause acht Jahre auf ihn gewartet hatte, zu heiraten.

Neben seinem Studium hatte er sich intensiv seinem Hauptinteresse, der Botanik, gewidmet und neben andern Publikationen 1735 ein viel beachtetes Werk veröffentlicht: die erste Ausgabe von *Systema Naturae*, ein Grundstein der Taxonomie und Systematika bis in die Gegenwart – die heute übliche binomiale Nomenklatur geht auf eine Auflage dieses Werkes von 1749 zurück.

Daraufhin erhielt Linné eine Professur an der Universität Uppsala und konnte sein Lebenswerk in Angriff nehmen: Ordnung in die Vielfalt der Natur zu bringen. Die Botanik blieb zeit seines Lebens seine Leidenschaft. Er kannte die Arten seiner Heimat und ganz Europas; und in zahllosen von ihm organisierten Expeditionen und Exkursionen wurden immer weitere neue Arten gefunden und beschrieben. Solche Exkursionen waren wie Jagdgruppen organisiert, mit Trompetenstößen wurde jeweils der Fund einer interessanten Pflanze signalisiert. An seinen Studienobjekten erkannte er Ähnlichkeiten und größere und kleinere Unterschiede und sah darin einen göttlichen Plan, den es zu ergründen galt. Als besonders praktisches und ordnendes Prinzip boten sich dabei die – von Camerarius als Sexualorgane erkannten – Blüten an. Die Anordnung der Staubgefäße, der Fruchtknoten, der Blütenblätter erlaubte es, ähnliche Arten jeweils einem übergeordneten Begriff, einer Gattung, zuzuweisen. Gattungen konnten in Ordnungen gebündelt werden, diese in Klassen. (Später wurden Gattungen in Familien und diese in Ordnungen zusammengefasst.) Dieses hierarchische Prinzip ließ sich auch zur Gliederung des Tierreichs anwenden.

Diese Erkenntnis der göttlichen Ordnung war für Linné eine Quelle tiefer Genugtuung und Grund für zahllose Ehrungen und die Bewunderung durch seine Kollegen und Schüler. Jede Forschung, die nicht der Erkenntnis dieser Ordnung diente, die nicht die systematische Erfassung des Lebens zum Ziel hatte – wie zum Beispiel die Versuche zur Physiologie der Pflanzen –, war daher für Linné bedeutungslos; seine Selbsteinschätzung als Auserwählter war unter diesem Gesichtspunkt absolut folgerichtig.

Doch müssen ihn schließlich doch Zweifel geplagt haben. Eine beängstigende Komponente in seinem geordneten Bild der Natur war aufgetaucht. Es stellte sich heraus: Manche Arten lassen sich kreuzen. Waren Hybride etwa neue Arten, nicht von Anfang an von Gott vorgesehen, sondern vom Menschen geschaffen? Aber auch in der Natur konnten Hybride gefunden werden. Und wie verhielt es sich mit neuen Varietäten? War es Gottes Plan, neue Arten entstehen zu lassen?

Die Frage der Konstanz der Arten muss Linné beschäftigt haben. Seinen berühmten Satz „Species tot numeramus, quot diversae formae in primitione sunt creatae" hat er in späteren Ausgaben seiner Werke gestrichen; er war offenbar nicht mehr davon überzeugt, dass alle Arten von Anfang an direkt von Gott geschaffen worden waren. Und in einem Brief an einen Freund beschwert er sich, dass, im Hinblick auf die Macht der Kollegen in der theologischen Fakultät, äußerste Vorsicht geboten sei – die Konstanz der Arten durfte offiziell nicht angezweifelt werden.

War Linné am Ende seines Lebens wirklich so überzeugt, Gottes Schöpfung ergründet zu haben durch die Katalogisierung von Lebewesen, die Er geschaffen und die er, Linné, in Tabellen geordnet, durchschaut hatte? Und weitere depressive Gedanken plagten ihn, Gedanken an die vielen jungen Forscher, die er in alle Welt geschickt hatte und von denen viele den Tod fanden – wofür? Für ein paar getrocknete Pflanzen, Heu für seine Herbarien … Aber Linné war inzwischen chronisch krank, körperlich und geistig angeschlagen.

27 # Johann Wolfgang Goethe

Johann Wolfgang Goethe
Geboren am 28. August 1749 in Frankfurt am Main. Ab 1765 Jura-Studium in Leipzig und Straßburg. Studium der Naturwissenschaften und Medizin in Straßburg. Ab 1775 am Weimarer Hof in verschiedenen Ämtern. 1808 Faust 1. Teil. Gestorben am 22. März 1832 in Weimar.

Goethe war ein begeisterter Naturbeobachter und Naturforscher. Er entwickelte seine eigene Farbenlehre, die im Gegensatz zu der Isaac Newtons stand, er verfasste originelle geologische und mineralogische Abhandlungen, und er entdeckte den lange umstrittenen Zwischenkieferknochen des Menschen. Vor allem aber entdeckte er das, was er beim Heranwachsen der Pflanzen Metamorphose nannte, dass nämlich z. B. Blütenblätter und Staubgefäße aus umstrukturierten Blattanlagen hervorgehen. Er beschäftigte sich mit Linnés Werken zur Systematik („Ich bekenne, dass nach Shakespeare und Spinoza auf mich die größte Wirkung von Linné ausgegangen …"), aber von der Grundlage der Linné'schen Klassifikation, der Sexualität der Pflanzen, war er nicht wirklich überzeugt. Einer seiner Kommentare dazu gibt heute noch Rätsel auf – war er ernst gemeint oder ironisch? Goethe: „Wenn unschuldige Seelen, um durch eigenes Studium weiter zu kommen, botanische Lehrbücher in die Hand nehmen, so konnten sie nicht verbergen, dass ihr sittliches Gefühl beleidigt sei; die ewigen Hochzeiten, die man nicht los wird, wobei die Monogamie, auf welche Sitte, Gesetz und Religion gegründet sind, ganz in vage Lüsternheit sich auflöst, bleiben dem reinen Menschensinn völlig unerträglich."

Goethe war dem Zeitgeist, der Naturphilosophie verfallen, der romantischen Verehrung der Ganzheit der Natur. Und dies bedeutete, dass er den Reduktionismus, die Analyse der Funktionen und Strukturen einzelner Organe, einzelner Aspekte von Lebenserscheinungen, ablehnte. Trennen ist möglich, aber das Getrennte lässt sich nicht wieder zu einem Ganzen zusammenfügen; das war der Grundtenor seiner Naturbetrachtung.

Diese emotionale Fixierung auf die ganzheitliche Natur, die von Goethe und führenden Naturphilosophen wie Schelling, Hegel und Oken propagiert wurde, hat bis heute, besonders in Deutschland, kulturelle Prägungen hinterlassen. Die Ideologie der ganzheitlichen Betrachtung als positives Element, im Gegensatz zur reduktionistischen, manipulativen, experimentellen Naturforschung als im Grunde verwerfliches und frevelhaftes Handeln, ist eine der Ursachen für die irrationale Feindseligkeit vieler ‚ganzheitlich' denkender Zeitgenossen gegenüber technischen Neuerungen wie z. B. der Gentechnologie.

28 Georges-Louis Leclerc, Comte de Buffon

Georges-Louis Leclerc, Comte de Buffon
Geboren am 7. September 1707 in Montbard (Burgund). Jesuitenschule in Dijon. Studium der Mathematik, Medizin und Botanik in Angers. Mit seinem englischen Tutor, Lord Kingston, Reisen in Italien und England. 1730 Mitglied der Royal Society. 1732 Rückkehr nach Montbard. 1733 Mitglied der Académie des Sciences. 1739 Kustos des Jardin du Roi in Paris – ein Posten, der sein Prestige festigte und ungestörtes Arbeiten erlaubte. 1749 Erscheinen des 1. Bandes seiner *Histoire Naturelle*; die Veröffentlichung von insgesamt 44 Bänden erstreckte sich bis 1804 (die letzten 8 Bände postum). 1771 von Ludwig XV. zum Comte ernannt. Gestorben am 17. April 1788 in Paris.

Als Sprössling einer wohlhabenden Burgunder Familie hatte Georges-Louis keine finanziellen Probleme. In seinen jungen Jahren unternahm er einige Studienreisen durch Frankreich und Italien, die sein Interesse an der Natur weckten. Wegen eines Duells musste er Frankreich vorübergehend verlassen, und er nutzte die ‚Auszeit', um in London Mathematik, Physik und Botanik zu studieren. Das war eine entscheidende Erfahrung für den jungen Buffon; besonders beeinflusst wurde er von Newtons Einsicht, dass die Bahnen der Planeten von einer berechenbaren Naturkraft bestimmt werden. Buffon glaubte, das Prinzip des Wirkens von Naturkräften auf alle irdischen Phänomene, auch auf die Lebenserscheinungen, ausdehnen zu können. Zurück in Frankreich, widmete er sich ganz dieser Idee. Im Jahr 1739 wurde er Mitglied der Académie Française des Sciences und Kustos des Jardin du Roi, des königlichen Parks in Paris, mit einem großen, naturkundlichen Museum, das noch heute zu besichtigen ist.

Nun konnte er sich seinem Lebenswerk widmen, seiner *Histoire Naturelle*, die schließlich 44 Bände umfasste und in der er die ganze Natur beschrieb: den Kosmos, die Erde, die Lebewesen. Schon zu Lebzeiten waren seine in elegantem Stil verfassten Schriften ausgesprochene Bestseller, und seine Popularität erregte schließlich die Aufmerksamkeit der Theologischen Fakultät der Sorbonne. Er wurde getadelt und verhört: Wie kam er dazu, zu behaupten, die Planeten hätten sich aus der Sonne herausgebildet? (Er hatte postuliert, dass ein Komet mit der Sonne zusammengestoßen sei und dabei die Masse der Erde von der Sonne losgerissen habe.) Wie kam er dazu, das Alter der Erde mit 100 000 Jahren anzugeben? (Er hatte das ausgerechnet, indem er Kugeln verschiedener Größe und Materialbeschaffenheit erhitzte, nachher die Zeit maß, bis sie abkühlten, und das Ergebnis dann auf die Größe der Erde extrapoliert.) Wie kam er dazu, die Konstanz der Arten in Frage zu stellen? (Er hatte sich gewundert, warum viele Tiere verkümmerte, unnütze Rudimente von Organen und Gliedmaßen besaßen. Warum sollten solche Strukturen existieren, wenn ein weiser Schöpfer alle Arten perfekt erschaffen hatte und diese seither unverändert geblieben waren?) Wie kam er dazu, zu behaupten, nur durch die Wissenschaft ließe sich die Wahrheit ergründen? (Das war eine unbeweisbare Behauptung.)

Buffon beeilte sich klarzustellen, dass seine Spekulationen rein theoretische Phantasien waren: Bei einer rationalen Betrachtung der Natur könnte man auf solche Ideen kommen – wenn man es, Gott sei Dank, aufgrund der biblischen Offenbarung nicht besser wüsste. Und er stellte sich rhetorisch ganz auf die Seite der kirchlichen Lehre. Denn Buffon hatte keine Neigung zum Märtyrer; er war ein Lebemann, der zwar täglich von früh bis spät an seinem Werk arbeitete, aber gerne das Leben genoss, gerne tafelte und gesellschaftlich glänzte, zweimal am Tag seine Kleider wechselte und seine Perücke neu puderte.

Sonst aber blieb er fest bei seiner Absicht, ein auf der Wirkung von Naturkräften basierendes Weltbild newtonscher Prägung zu entwerfen. Das führte ihn in besondere Erklärungsnöte bei der Deutung der Vererbungsvorgänge. Für die Präformation à la Haller und Bonnet ließ er sich nicht begeistern, für die bildenden Kräfte à la Wolff ebenso wenig. Als Alternative postulierte er eine „Moule interieure“, eine „innere Gussform“, die die Nahrungsmoleküle aufnehmen und zu Geweben und Organen und schließlich zu einem Organismus formen könne. Wie Descartes mit seinen Erbteilchen, blieb er aber eine Erklärung für den Ursprung der „Moule interieure" schuldig. Dies aber fiel für Buffon in den Bereich der letzten Ursachen – und diese zu hinterfragen sei nicht die Aufgabe der Wissenschaft, da sie sich damit begnügen müsse, die Wirkung der Naturgesetze zu beobachten, und nicht sich über deren Ursprung Gedanken zu machen.

Buffon war aber nicht nur Theoretiker. Mit einem irischen Freund, dem Mikroskopierer John Needham, führte er Versuche durch, die zeigen sollten, dass Leben aus unbelebter Materie naturgesetzlich entsteht. Sie erhitzten Nährlösungen und verschlossen diese, im Glauben, alles Leben in den Behältern abgetötet zu haben, um nach einigen Tagen zu beobachten, wie sich Tausende von Mikroorganismen in ihren Gefäßen tummelten. (Ihr Zeitgenosse, der Abt Spallanzani, würde sie bald eines Besseren belehren.)

Auch in der Kreuzungsanalyse ist Buffon ein Vorkämpfer der Wiedereinführung der Experimentaltechnik in die Biologie. Kreuzungsversuche mit Pferd und Esel, mit Wolf und Hund (mit Beschreibungen, wie der Wolf die Hündin zerfetzte und einen Wärter biss) und mit Kanarienvögeln waren zwar sehr umständlich und nicht besonders aufschlussreich, aber Mäuse wurden als Ungeziefer und deshalb als nicht standesgemäß betrachtet.

Buffon starb ein Jahr vor der Französischen Revolution und als Privilegierter des Ancien Régime entging er dadurch der Guillotine, was seinem Landsmann Lavoisier nicht gelang. Dafür aber wurde sein Sohn, von dem Buffon erhofft hatte, er könne sein Werk weiterführen, in den Wirren der ‚Grande Terreur' enthauptet.

29 Abate Lazzaro Spallanzani

Lazzaro Spallanzani
Geboren am 12. Januar 1729 in Scandiano bei Modena. 1749 Jurastudium in Bologna. 1753 Doktor der Philosophie, Priester und ab 1760 Abbé in Reggio. Professor für Naturgeschichte in Reggio, Modena und verschiedenen anderen italienischen Universitäten. Ab 1769 Professor für Naturgeschichte in Pavia, wo er am 11. Februar 1799 starb.

Irgendwie war ihm der Titel ‚Abt' verliehen worden, doch die Theologie interessierte Spallanzani nur am Rande, wenn überhaupt. Seine Aufmerksamkeit galt der Natur, und er wurde ein geschickter und vielseitiger Experimentator, zuerst an der Universität in Modena und ab 1769 – bis zu seinem Tode – in Pavia.

Er versuchte, die Ergebnisse von Buffon und Needham zur Urzeugung in Nährbrühe zu reproduzieren. Dabei ging er wesentlich systematischer und kritischer vor als seine Zeitgenossen in Paris. Glaskolben mit Nährbrühe, in denen sich Unmengen von „Infusorien" – ein Sammelbegriff für die verschiedensten Mikroorganismen – tummelten, wurden verschlossen und für verschiedene Zeitintervalle erhitzt. So stellte Spallanzani fest, dass die verschiedenen Typen der Hitze sehr unterschiedlich widerstanden. Die einen starben nach kurzem Aufwärmen, andere verblieben am Leben, selbst wenn sie eine Stunde gekocht wurden. Aber schließlich konnte er alles Leben durch Hitzebehandlung abtöten und so triumphierend feststellen, dass spontane Generation unmöglich sei. Erst als er seine Kolben öffnete, konnten in der Brühe wieder Keime gedeihen. So versuchte Spallanzani zu zeigen, dass die Nährlösung durch Erhitzung für die Entfaltung von Leben nicht untauglich wurde, dass aber dafür der Zugang neuer Keime aus der Luft wesentlich war. So könnte man denken, dass – nachdem Redi vor einem Jahrhundert die spontane Zeugung von Fliegen widerlegt hatte – dies nun auch für Mikroorganismen galt. Dies wurde auch von vielen so aufgefasst, bis 1810 der Chemiker Gay-Lussac neue Einwände geltend machte, die im Nachhinein berechtigt waren. So z. B. war die Sauerstoffzufuhr in Spallanzanis luftdicht abgeschlossenen Gefäßen nicht gewährleistet. Die Frage nach der spontanen Generation kam daher nicht zum Schweigen und wurde später durch Pasteur nochmals bearbeitet. Es war also eher Zufall, dass die Versuche Spallanzanis zu den richtigen Annahmen, die spontane Generation in der Nährbrühe betreffend, geführt hatten. Spallanzani jedoch war mit seinen Versuchen sehr zufrieden, denn als überzeugter Ovist vertrat er die Meinung, dass Leben nur aus den seit Anbeginn eingeschachtelten Strukturen hervorgehen konnte.

Seine ovistische Überzeugung wurde ihm jedoch bei seinen weiteren Versuchen zum Verhängnis. Neben den Infusorien erweckten bald auch die „Spermatierchen" sein Interesse und er begann eine lange Serie von Versuchen, um bei Fröschen die Wirkung des Samens während der Befruchtung zu klären. Dass der Samen überhaupt eine Rolle spielte, konnte Spallanzani dadurch zeigen, dass er den Froschmännchen vor der Paarung enge Höschen anzog, wodurch die Eier dann unbefruchtet blieben. Nun aber stellte sich die Frage nach der Rolle der einzelnen Komponenten des Samens. Da er glaubte, im unbefruchteten Ei schon eine zusammengefaltete Kaulquappe beobachtet zu haben, konnte er nicht akzeptieren, dass die Spermien einen entscheidenden Beitrag zur Entwicklung des neuen Organismus leisteten. Und obwohl er mit den Spermien, die er aus den Höschen oder durch Filtrieren des Samens gewonnen hatte, die Froscheier befruchten konnte, glaubte er, es seien Reste der Samenflüssigkeit, die dafür verantwortlich waren. Für die Spermatierchen verblieb lediglich die Rolle von Parasiten, die sich in dieser Flüssigkeit tummelten, wie die Infusorien in der Nährbrühe.

Nun glaubte Spallanzani noch testen zu müssen, ob der materielle Kontakt der Eier mit dem Samen ausschlaggebend sei oder ob eine vom Samen ausstrahlende Kraft – die „Aura seminalis" – die Eier zur Bildung der Kaulquappen anrege. Dafür klebte er unbefruchtete Eier an eine Glasschale und legte diese mit den Eiern nach unten über einen kleinen Behälter mit Samen. Wenn er auch noch so lange dem Samen Gelegenheit gab, aus kurzer Distanz auf die Eier einzuwirken, blieb dies doch ohne Folgen.

Er prüfte noch vieles mehr: Selbst mit tausendfach verdünntem Samen konnte er die Befruchtung bewirken. Auch Kälte oder das Vermischen des Samens mit Öl oder Urin waren wirkungslos; hingegen wurde der Samen inaktiv durch Hitze, Austrocknen oder Verdünnen in Wein. Auch viele weitere Versuche konnten ihn nicht dazu bewegen, seine Meinung zu ändern, er blieb Ovist. Angesichts dessen kann man sich fragen, welchen Sinn Versuche haben, wenn sie nicht dazu taugen, vorgefasste Meinungen zu widerlegen.

Dieselbe Frage trifft auch zu für eine ganz andere Beobachtung Spallanzanis. Er hatte Fledermäuse geblendet und festgestellt, dass auch die blinden Tiere sich im Raum gut orientieren und Insekten fangen konnten. Wenn er ihnen jedoch die Ohren verstopfte, waren sie völlig hilflos. Spallanzani wollte aber nicht wahrhaben, dass Fledermäuse nicht mit den Augen, sondern mit den Ohren ‚sehen', und ließ deshalb diese Versuche in Vergessenheit geraten; für die Erkenntnis der Echolotung mit Ultraschall war die Zeit noch nicht reif.

Mit seinem Nährbrüheköcheln, mit seinen Versuchen mit Fröschen und Fledermäusen, mit seinen Studien zur Regeneration von abgeschnittenen Beinen und Schwänzen bei Salamandern und Molchen, mit seiner Begeisterung für merkwürdige Tiere und Pflanzen, alle möglichen Naturalien, die er in seinem – heute noch zu besichtigenden – Privatmuseum sammelte, erwarb Spallanzani noch zu Lebzeiten den Ruf eines geheimnisvollen Außenseiters. So ging er nicht nur in die Geschichte der Biologie, sondern auch in die Literatur- und Musikgeschichte ein – als der verrückte Professor Spallanzani in „Hoffmanns Erzählungen" von Jacques Offenbach.

30 Jean-Baptiste, Chevalier de Lamarck

Jean-Baptiste Pierre-Antoine de Monet, Chevalier de Lamarck
Geboren am 1. August 1744 in Bazentin (Somme). Elftes Kind verarmter Aristokraten. 1760 zur Armee, diente im Siebenjährigen Krieg, wurde Offizier. 1766 verwundet und pensioniert; fing an, sich mit naturwissenschaftlichen Fragen zu beschäftigen. 1778 Buch über französische Flora. 1781, unterstützt durch Buffon, erhält er eine Stelle als Botaniker beim Hof. 1793 Professor für Zoologie der Wirbellosen am Pariser Musée d'Histoire Naturelle. Gestorben am 18. Dezember 1829 in Paris.

Schon die Erwähnung des Namens Lamarck löst bei Biologen Schmunzeln aus. Ist er doch der, der behauptete, dass die Hälse der Giraffen im Laufe der Generationen immer länger wurden, weil schon die Vorfahren der Giraffen ihre Hälse immer nach den Blättern der Bäume in den Savannen strecken mussten und dieses stetige Strecken der Hälse zu erblich langen Hälsen führte. Ähnlich ist auch Lamarcks Idee, dass affenähnliche Vorfahren des Menschen den aufrechten Gang durch das ständige Sich-Erheben erwarben, um über das Steppengras hinweg in die Ferne zu schauen. Lamarck ist dafür immer wieder grundlos lächerlich gemacht worden. An seinem Grab hat sein Kollege Georges Cuvier schließlich eine sehr geschmacklose, sarkastische Rede gehalten. Als ob nicht die Vererbung von im Laufe des Lebens umweltbedingt erworbenen Eigenschaften damals die gängige Meinung gewesen wäre – und als ob nicht Jahre später auch Darwin selber daran geglaubt hätte!

Lamarck war ein Außenseiter. Er hatte zwar einen Adelstitel, aber die Familie war verarmt. Er hatte nicht studieren können. Er musste sich als Söldner im Siebenjährigen Krieg über Wasser halten. Er musste sein spon-

Eine uralte Vision: die Scala naturae

Der Begriff der Scala naturae, einer Großen Kette des Seins, wird oft zurückgeführt auf Aristoteles und wurde immer wieder neu bemüht, wie z. B. von Charles Bonnet, Rousseau, Descartes, Spinoza und Leibniz. Danach hat Gott alle Stufen der Komplexität lückenlos wahrgenommen und eine Kette des Seins geschaffen: die untersten Glieder sind die unbelebte Materie, die Pflanzen und die primitivsten Tiere; es folgen dann eine Serie höherer Tiere, der Mensch und schließlich Gott. Die Kette des Seins ist schon an einer 5000 Jahre alten mesopotamischen Vase dargestellt, der Vase von Warka (dem früheren Uruk), die der Krieg im Irak ins Bewusstsein der Öffentlichkeit gebracht hat. (Nach der Besetzung Bagdads durch amerikanische Truppen wurde die Vase im Laufe der Plünderungen des Irakischen Nationalmuseums gestohlen und später zerbrochen und mit fehlenden Fragmenten wieder aufgefunden.)

Die Vase zeigt die mesopotamische Weltordnung: unten das Erdreich und Wasser, dann Pflanzen, Tiere und Mensch, oben die priesterliche Elite, die mit der Göttin Inanna kommuniziert.

Lamarcks Verdienst ist es, die statische Idee der Scala naturae dynamisiert zu haben, d. h., die untersten Strukturen streben einen Aufstieg zu höheren Stufen an – sie evoluieren. Die Idee der biologischen Evolution war gefährlich, da sie die Möglichkeit der Dynamisierung der statischen Gesellschaftsordnung nahelegte.

tanes Interesse an der Natur durch ein chaotisches Selbststudium vertiefen. Nach einer Verwundung gewährte man ihm eine kleine Pension, und er fing an, sich ernsthaft mit Botanik zu beschäftigen. Er schrieb ein Buch über die französische Flora. Daraufhin erhielt er einen Lehrstuhl für Zoologie der Wirbellosen an der Universität in Paris, denn qualifizierte Zoologen waren den Wirren der Französischen Revolution zum Opfer gefallen. Nun fing er an, mit seinen Gedanken über die Lebewesen zu spielen. Die Idee einer großen Kette des Seins war nicht neu – sein Freund, Jean-Jacques Rousseau, hatte sie propagiert, Charles Bonnet war von ihr überzeugt –, eine Idee, die sich bis zu Aristoteles, vielleicht bis zu den Assyrern zurückverfolgen lässt:

„Die große Kette des Seins": alles war in einer hierarchischen Kette miteinander verbunden. Ganz unten die leblose Materie, dann die Pflanzen, dann die niederen Tiere, Würmer, Schnecken, dann die höheren Tiere, dann der Mensch, die himmlischen Heerscharen und schließlich Gott.

Doch diese Idee betraf eine statische Ordnung und Lamarck war damit nicht zufrieden. Er glaubte an eine innere Gesetzmäßigkeit im Kosmos, eine Kraft, die die Lebewesen dazu treibt, eine höhere Stufe in der Skala anzustreben: Die Infusorien, Würmer, Quallen haben die Tendenz, im Laufe von zahllosen Generationen zu komplexeren Organismen zu evolvieren, zu Fischen, Amphibien, Reptilien, Säugern, Menschen ... Und die Menschen streben nach spirituellen Wesen, Engeln, immer näher an Gott. Bei dieser stetigen Evolution wären auch Verzweigungen möglich, der Stammbaum der Lebewesen hatte viele Äste, die den verschiedenartigen Umweltbedingungen Rechnung trugen.

Lamarcks Evolution benötigte eine unbegrenzte Zeit – aber keine direkten göttlichen Schöpfungsakte. Dieser Begriff der naturgesetzlichen Evolution – wenn auch noch so konfus – war das wesentlich Neue an Lamarcks Ideen. Doch er wurde wenig beachtet, nicht weil seine Botschaft zu unbedeutend war, sondern eher, weil seine Zeitgenossen nicht bereit waren, das althergebrachte, statische Weltbild fallen zu lassen. Er starb wie er gelebt hatte – als ‚Underdog', und wurde in einem Gemeinschaftsgrab für Mittellose beerdigt.

31 Charles Darwin

Charles Robert Darwin

Geboren am 12. Februar 1809 in Shrewsbury (Shropshire, England). 1825–1827 Studium der Medizin, Universität Edinburgh, dann Studium der Theologie und Botanik, Universität Cambridge (alles ohne Abschluss). 1831 – 1836 Weltumsegelung auf der Brigg „Beagle“. Ab 1840 Arbeiten über allgemeine Geologie und über Entstehung von Korallenriffen. Ab 1842 Privatgelehrter in seinem Landhaus in Down (Kent). 1846–1854 Arbeiten über rezente und fossile Muschelkrebse (*barnacles*). 1859 „On the origin of species by means of natural selection; or, the preservation of favoured races in the struggle for life“. Ab 1862 Arbeiten über Botanik: Befruchtung bei Orchideen; Beobachtungen an Fleisch fressenden Pflanzen. 1871 „The descent of man“. 1872 „The expression of the emotions in man and animals“ (vergleichende Psychologie). Ab 1875 Beobachtungen zur Bewegung der Pflanzen, besonders von Rankengewächsen. Sein letztes Werk, 1881, „The formation of vegetable mould through the action of worms“, über die Rolle der Regenwürmer im Kreislauf der Natur, ist erst in letzter Zeit als grundlegend bedeutend erkannt worden. Gestorben am 19. April 1882 in Down.

Die Schule war langweilig. „Du wirst dich und deine Familie ins Unglück stürzen“, musste er immer wieder hören. Arzt werden, wie sein Großvater und sein Vater, das wollte er nicht. Und nach drei Jahren Studium der Theologie in Cambridge wusste er: Auch Priester werden wollte er nicht. Aber er ging gerne auf die Jagd – und die Natur zu betrachten, Käfer zu sammeln, war für ihn ein wichtiges Hobby.

Was tun mit einem solchen Sprössling? Die Familie hatte Beziehungen und so geschah es, dass sich Charles im Dezember 1831 als Naturbeobachter auf der Brigg ‚Beagle‘ einschiffen konnte, einem Forschungsschiff der britischen Marine unter dem Kommando des strenggläubigen Kapitäns Robert FitzRoy. Fast fünf Jahre sollte die Reise dauern, eine Weltumsegelung, die Charles an die Ost- und Westküste Südamerikas, dann über die Inselgruppe der Galápagos nach Tahiti, Neuseeland, Australien und Afrika führen sollte, bis 1836 der heimatliche Hafen Plymouth wieder erreicht war. Das war das große Abenteuer seines Lebens. Nicht nur hatte er zahllose, bisher unbekannte Pflanzen und Tiere beobachtet und gesammelt; er hatte, besonders in Argentinien, eine Serie erstaunlicher fossiler Funde gemacht. So hatte er dort z. B. die Skelette von Riesengürteltieren und Riesenfaultieren eingesammelt und auf den Galápagos merkwürdige neue Arten vor allem von Schildkröten und Vögeln entdeckt, die zwar denen auf dem Festland glichen, aber deutlich als getrennte Arten anzusehen waren. Zu Hause in London wurde er wegen seiner Reisebeschreibung *Voyage of the Beagle* gefeiert.

Dann aber verwandelte sich der kühne Weltumsegler in einen merkwürdig ruhebedürftigen Menschen, der sich für den Rest seines Lebens hauptsächlich seinen Gedanken widmete. Er stellte eine Liste mit den Pros und Contras bezüglich der Heirat auf und kam zum Schluss, dass die Argumente pro überwogen. Dementsprechend heiratete er eine Cousine, Emma Wedgwood (ein Spross der Porzellanhersteller Wedgwood). Das eigene Familienvermögen, zusammen mit der Mitgift seiner Braut, erlaubte es ihm, in Down, im Süden von London, eine Villa zu kaufen und sein Leben ohne finanzielle Sorgen zu planen. Von nun an spazierte er fast täglich im Park seines Hauses, ließ sich von seiner Frau vorlesen und hörte ihrem Klavierspiel zu. Er wurde ein fürsorglicher Vater von zehn Kindern (der Tod seiner 12-jährigen Tochter Annie hat ihn für den Rest seines Lebens immer wieder beschäftigt).

Hauptsächlich aber widmete er sich seinen Gedanken, die ständig um die überwältigenden, vielfältigen Beobachtungen seiner Reise auf der *Beagle* kreisten. So viele neue Arten von Pflanzen und Tieren, gegenwärtige und solche, die vor Jahrtausenden gelebt haben mussten, und doch überall Ähnlichkeiten mit Bekanntem – konnte es sein, dass diese Ähnlichkeiten auf Verwandtschaften beruhten? Waren die verschiedenen Arten aus gemeinsamen Vorfahren hervorgegangen durch unmerklich langsame Veränderungen von Generation zu Generation?

Die absolute Konstanz der Arten war aber ein fester Lehrsatz, sowohl unter Wissenschaftlern wie unter Theologen. Sollte er den Begriff der Art als feste, gottgegebene Einheit verwerfen? Er kam sich vor wie ein Mörder. Sollte er seine Ideen andern mitteilen, in einem Buch veröffentlichen? Er dachte darüber nach und ließ sich dabei 20 Jahre Zeit. Warum hat er sich eigentlich währenddessen intensiv der Biologie und Systematik von Cirripedien (*barnacles*), also Muschelkrebsen, gewidmet? Das ist ein Geheimnis, das er mit ins Grab genommen hat. Aber in diesen Jahren betätigte er sich auch experimentell. In seinem Garten hatte er z. B. Löwenmäulchen gekreuzt, die herkömmlichen mit sogenannten pelorischen Varianten (mit fünf radialsymmetrischen Blütenblättern). In der F2 zählte er 90 normale und 37 pelorisch blühende Pflanzen – er protokollierte das und ließ es dabei bewenden. (Hätte er Mendels Arbeit verstanden, wenn er den Sonderdruck dieser Arbeit gelesen hätte, der ungeöffnet in seinem Nachlass lag?) Er züchtete auch Tauben; dabei fiel ihm auf, dass, wenn verschiedene Taubenrassen untereinander gekreuzt wurden, bei den Nachkommen große Ähnlichkeiten mit dem Wildtyp, den Felsentauben, zu beobachten waren. Auch dies konnte er nicht deuten und erarbeitete eher mystisch anmutende Erklärungen („Drang zum Vorfahrentyp setzt sich durch"). Und vor allem unterhielt er sich auch mit Züchtern – Hundezüchtern, Viehzüchtern, Pferdezüchtern –, die zur Verbesserung ihrer Rassen Auslese betrieben. Dabei sammelte er viele interessante Fakten, daneben sicher auch viele Züchterphantasien und Folklore. Aber Darwins Ideen reiften heran, seine Theorie nahm langsam Gestalt an ... Besonders beeinflussen ließ er sich durch die Lektüre von Robert Malthus' *Essay on Population*, eine Publikation, die Darwin quasi als Gruselliteratur – „zur Entspannung", wie er vermerkte – gelesen hatte. Darin vertrat Malthus die These, dass der ungezügelten Vermehrung der Volksmassen notgedrungen durch Hungersnöte und Krieg Einhalt geboten werde und nur diejenigen schließlich überleben würden, deren besondere Fähigkeiten dies erlaubten.

Alles in allem war Darwins Idee einfach und genial: Die Natur ist die große Züchterin, die Auslese betreibt. Diese Auslese konnte extrem subtil sein, denn selbst geringste Unterschiede im Fortpflanzungserfolg kumulierten sich über zahllose Generationen hinweg und auch geringfügig weniger erfolgreiche Varianten gerieten im Laufe der Generationen hoffnungslos ins Hintertreffen und wurden dann ganz aus der Population ‚hinausverdünnt'.

Grundvoraussetzung für diesen Prozess war natürlich die Existenz von Varianten mit erblichen Merkmalen in der Population, denn in einer völlig homogenen Art oder einer mit nicht erblichen Variationen war ja nichts vorhanden, das hätte selektiert werden können. Und hier nun lag der schwache Punkt in Darwins Theorie: Was ist die Ursache der erblichen Variationen? Darüber zerbrach sich Darwin endlos den Kopf, ohne eine befriedigende Lösung zu finden. Und selbst wenn dieser Punkt übersprungen und irgendeinem mysteriösen Mechanismus der unbekannten Erbmaschinerie zugeschrieben wurde, so stellte sich die zusätzliche Frage nach der erblichen Konstanz dieser Variationen. Denn die Vorstellungen der Zeit entsprachen immer noch den verschiedenen Spielarten der Bluttheorie, die eine Alles-oder-nichts-Vererbungsweise ausschloss und verlangte, dass irgendein neues, auffallendes Merkmal im Laufe der Generationen immer mehr an den Durchschnitt der Population angeglichen würde. Und genau das war es, was Darwin als Zweck und Ziel von Sexualprozessen ansah: Durch das Vermischen der Erbinformationen der Eltern würden die Abweichungen vom idealen Durchschnitt immer wieder ausgeglichen. (Im Gegensatz zu Charles' Ansichten hatte aber sein Großvater, Erasmus Darwin, schon 1794 die Meinung vertreten, die Funktion der Sexualität bestehe im Hervorbringen von Variation – was ja heute als ihre hauptsächliche Rolle anerkannt wird.)

Sollte laut Charles Darwin z. B. ein Hahn mit besonders langen und kräftigen Sporen heranwachsen, so würden seine Söhne, da deren Erbmasse nur zur Hälfte vom langsporigen Vater stammte, schon etwas weniger lange und weniger kräftige Sporen haben und in wenigen Generationen wäre der ursprüngliche Unterschied wieder weggewischt. Zur Rettung seiner Theorie dachte sich Darwin, dass die genetische Durchmischung in einer Population vielleicht nicht eine vollständige sei, da kleine lokale Populationen sich in relativer Inzucht halten könnten, bis sich eine Veränderung – wenn auch in abgeschwächter Form – in ihr fixiert hat, so dass die Unterpopulation gegenüber benachbarten Unterpopulationen einen Selektionsvorteil hätte. Zwar waren Darwin viele Beispiele von abweichenden Merkmalen bekannt, die als Alles-oder-nichts-Effekt vererbt wurden, also durch Sexualprozesse keine Abschwächung und Angleichung an den Durchschnitt erlitten: Albinismus, Melanismus (Dunkelformen), Schwanzlosigkeit beim Schaf, hornlose Rinder, zusätzliche Finger und Zehen beim Menschen. Auch der ‚Stachelschwein-Mensch', mit rauer und dicker, unförmiger Haut – das wusste Darwin – vererbte seine Anomalie. Doch diese Art der Vererbung, so Darwin, beschränkte sich auf ausgefallene ‚Monstrositäten', die keine Bedeutung für die kontinuierliche Evolution der Arten hätten. Diese vollzog sich – davon war Darwin überzeugt – sehr, sehr langsam, im Laufe unzähliger Generationen und entsprach der langsamen und kontinuierlichen Veränderung der Umwelt, wie sie von der kurz davor neu begründeten Wissenschaft der Geologie gelehrt wurde. Vor allem Darwins Zeitgenosse und späterer Freund Charles Lyell hat die Ansicht vertreten, dass die Veränderungen der Erdoberfläche über enorme Zeitspannen hinweg von denselben Naturkräften und Faktoren bewirkt wurden, die auch heute noch am Werke sind. Nicht nur verlief nach Darwins Ansicht die langsame Evolution der Lebewesen parallel zur langsamen Veränderung der Umwelt, sondern er ging einen – fatalen – Schritt weiter und sah in der Veränderung der Umwelt die eigentliche Ursache für die Veränderung der Lebewesen. Wenn es möglich wäre, Vertretern einer Art völlig identische Umweltbedingungen anzubieten, so würden in einigen Generationen alle ihre Nachkommen absolut identisch sein. Die Ursache der Variationen war also die Umwelt, und diese Variationen waren erblich. Darwin war also kein ‚Darwinist' im heuti gen Sinne, sondern ein Lamarckist.

Seine Gedankenspiele, ewigen Überlegungen und das Zaudern nahmen ein jähes Ende, als er aus Indonesien von einem unbekannten Forscher namens Alfred Russel Wallace einen Brief bekam, in dem alle Ideen Darwins genau geschildert wurden. Wallace hatte im Malaiischen Archipel beobachtet, wie auf verschiedenen Inseln sich unterschiedliche, aber offensichtlich verwandte Arten entwickelt hatten, und er bat Darwin um kollegialen Rat. Wallace, das stand plötzlich fest, äußerte dieselben Ideen zur Evolution wie Darwin. War die Priorität seiner Theorie für Darwin in Gefahr – 20 Jahre Arbeit? Mit Hilfe von Darwins Freunden – ob das Wallace gegenüber fair war, darüber streiten sich die Historiker – kam im August 1858 eine Mitteilung an die Linnaean Society zustande, in der Darwins und Wallace' Ansichten gleichzeitig dargestellt wurden. Darwin stürzte sich nun in die Arbeit – innerhalb eines Jahres war das Buch vollendet, das er 20 Jahre lang geplant hatte, und die erste Auflage von 1859, mit 1250 Exemplaren, war sofort vergriffen.

Darwin überließ die Diskussionen und Streitereien über sein Buch anderen; er selber lebte sein zurückgezogenes Leben in Down weiter und führte seine Studien fort. Wenn er schon, wie sein jahrelanges Zögern zeigte, *Origin of Species* nur widerwillig geschrieben hatte, so war die Veröffentlichung seiner Gedanken, die Anwendung seiner Evolutionstheorie auf den Menschen, für ihn noch peinlicher. Insgeheim hoffte er, jemand anders würde dies vollbringen. Zwar wurde diese auf der Hand liegende Idee mehrmals zur Sprache gebracht, so z. B. schon im Jahr 1863 von seinen Freunden Thomas Huxley und Charles Lyell. Eine gründliche Abhandlung blieb jedoch aus, bis dann doch Darwin selber die Initiative ergriff und 1871 *Descent of Man* veröffentlichte, ein Werk, in dem die Abstammung des Menschen von affenähnlichen Vorfahren nahegelegt wurde. Die vehementen Kontroversen, die diese Publikation auslöste, haben sich inzwischen geglättet, aber die grundlegende Frage, die dahintersteckt, ist immer noch nicht beantwortet: Wird die Welt, der Kosmos, von Anbeginn durch nichts anderes als nur die blinden Naturkräfte regiert, oder steckt irgendwo ein Plan, eine Absicht, dahinter?

32

Alfred Russel Wallace

Alfred Russel Wallace
Geboren am 8. Januar 1823 in Monmouthshire (Wales). Ab 1837 Vorlesungen gehört in der Hall of Science, London. Vermessungsarbeiten und private botanische Studien.
1844 – 1845 Lehrer in Leicester. 1847 Bekanntschaft mit H. Bates, mit dem er 1848 auf dem Amazonas reiste. 1852 Schiffbruch und Verlust der Sammlung. 1854 – 1862 Forschungsreise zum Malaiischen Archipel. Ab 1862 Privatgelehrter in England. Gestorben am 7. November 1913 in Broadstone (Dorset).

Das Rettungsboot war leck; zum Glück aber hatte der geistesgegenwärtige Schiffskoch eine Tüte Korken mit aufs Boot genommen, mit denen sich die Löcher im morschen Holz stopfen ließen. So bestand für die paar Mann im Boot keine akute Lebensgefahr, und einer von ihnen, Alfred Russel Wallace, konnte mit seiner ihm innewohnenden Gelassenheit mit ansehen, wie das Schiff, das ihn 1852 nach vier Jahren im Amazonasgebiet nach England bringen sollte, mitten auf dem Ozean ein Raub der Flammen wurde. Wallace sah auch, wie die Affen und Papageien, die er im Amazonasgebiet eingefangen hatte, vergeblich versuchten, sich von dem brennenden Schiff zu retten. Auch seine Sammlung von Käfern, Schmetterlingen und Pflanzen, die er im Laufe der Jahre angelegt hatte, war verloren. In den nächsten zehn Tagen, bis die Schiffbrüchigen endlich geborgen wurden, hatte Wallace Gelegenheit, über sein bisheriges Leben, seine Abenteuer, seine Ideen und seine Zukunft nachzudenken.

Die Reisebeschreibungen Alexanders von Humboldt waren mit entscheidend gewesen dafür, dass er seinem Leben als Lehrer und naturliebender Käfersammler in Leicester eine Wende geben wollte. Er überzeugte einen Freund und Kollegen, Henry Bates (den späteren Entdecker des Phänomens der Mimikry), mit ihm eine Expedition ins Amazonasgebiet zu unternehmen – finanziert werden sollte diese Expedition durch den Verkauf der Tier- und Pflanzensammlungen, die sie anlegen würden. Wallace und Bates durchkreuzten, zuerst zusammen, dann aber getrennt, jahrelang das Amazonasbecken in allen Himmelsrichtungen. Dabei war Wallace aufgefallen, dass in verschiedenen Regionen, z. B. östlich und westlich des Rio Negro sowie nördlich und südlich des Solimões, viele ähnliche, aber deutlich unterscheidbare Arten von Tieren, besonders Affen, lebten. Die Idee eines gemeinsamen Ursprungs und einer geographisch bedingten divergenten Evolution drängte sich auf. Aber sollte er diese Idee weiterverfolgen? Das katastrophale Ende seiner Expedition, der Schiffbruch, der Verlust seiner lebend eingefangenen Tiere, ließen ihn den Entschluss fassen, England nie wieder zu verlassen.

Nach wenigen Wochen aber hatte er seine Meinung geändert; dem Reiz der Ferne, der Faszination der tropischen Natur, konnte er nicht widerstehen. Er begann eine neue Expedition zu organisieren, und Anfang 1854 landete er in Singapur. Wieder plante er, sein Vorhaben durch den Verkauf gesammelter Käfer und Schmetterlinge zu finanzieren – diesmal sollte es ihm gelingen.

Acht Jahre lang währte seine Sammlertätigkeit auf verschiedenen Inseln des Malaiischen Archipels, zum Teil auf solchen, die noch nie von einem Weißen betreten worden waren. Aber Wallace war mehr als ein Sammler. Er hatte nicht nur Alexander von Humboldt gelesen, er kannte (ebenso wie Darwin) auch die *Vestiges of the Natural History of Creation* – eine dilettantische Schrift eines anonymen Autors (später entlarvt als Robert Chambers, Herausgeber einer beliebten Zeitschrift), die die Entstehung der Welt und der Lebewesen auf der Erde als eine natürliche Entwicklung ohne direkten göttlichen Eingriff beschrieb. Wallace hatte es sich zur Aufgabe gemacht, dieser Idee wissenschaftlich nachzugehen, indem er sich mit Hilfe seiner Beobachtungen Klarheit über den Ursprung der Arten verschaffen wollte.

Wie schon am Amazonas beobachtete er auch im Malaiischen Archipel biogeographische Einzelheiten. (Im Gegensatz zu Darwin, der später nicht mal mehr wusste, von welcher Insel seine Schildkröten und Finken stammten, führte Wallace genaue Protokolle über die Herkunft und die Lebensbedingungen seiner gesammelten Objekte; er gilt daher als der eigentliche Begründer der Biogeographie.) Besonders auffällig waren die ähnlichen, aber unterschiedlichen Schmetterlinge auf verschiedenen Inseln: Waren dies Vertreter verschiedener Varietäten einer Art, oder handelte es sich um verschiedene Arten derselben Gattung? Die Unterscheidung zwischen Varietäten einer Art und separaten Arten erschien Wallace immer willkürlicher und unsinniger. Warum also – wie bislang allgemein akzeptiert – das Auftauchen von Varianten einer Art als natürlichen Prozess verstehen, aber den Ursprung einer echten Art als gottgegeben hinnehmen? Warum war die Entstehung neuer ‚echter' Arten nicht auch ein natürlicher Prozess? Und warum entstanden neue Arten?

Wallace hatte nicht nur Alexander von Humboldt und Chambers, er hatte auch Malthus gelesen. Wie er später berichten sollte, war dies der Auslöser für seine Deutung der Evolution der Arten – die Auslese, betrieben von der Natur: Besser an die jeweiligen Umweltbedingungen angepasste Individuen und Populationen hinterließen mehr Nachkommen als weniger gut angepasste und überflügelten diese im Laufe der Generationen. Fern der Zivilisation schrieb Wallace den Aufsatz: *On the tendency of varieties to depart indefinitely from the original type.* Hier war der Gedanke der Evolution auf Grund des Mechanismus der natürlichen Auslese klar und unmissverständlich dargestellt. Warum hat Wallace diesen Aufsatz nicht direkt an die Redaktion einer wissenschaftlichen Zeitschrift – wie die *Annals of Natural History* oder *The Zoologist* – geschickt, wie er das mit früheren Aufsätzen über seine Beobachtungen getan hatte? Offenbar war ihm die Brisanz dieses Essays zu unheimlich – er fühlte sich unsicher und glaubte, zuerst den Rat Darwins einholen zu müssen, denn dieser hatte bereits durch seine Reisebeschreibungen und andere Veröffentlichungen einen Ruf als angesehener Privatgelehrter erlangt. So kam es denn, dass Wallace infolge der Initiative von Darwins Freunden das Urheberrecht für den Gedanken der Selektionstheorie mit Darwin teilen musste. (Dies geschah durch das Vortragen von Darwins und Wallace' Berichten in der Linnaean Society, wobei übrigens weder Darwin noch Wallace anwesend waren – Wallace wusste nicht einmal davon, denn er war ja zu diesem Zeitpunkt immer noch in der Einsamkeit des Malaiischen Archipels. Viele Wissenschaftshistoriker halten deswegen die Darstellung, der gemeinsame Vortrag der Theorien von Darwin und Wallace sei ein beispielhaftes Gentlemen's Agreement, für eine Legende.)

Nach seiner Rückkehr nach England machte sich bei Wallace (wie schon bei Darwin) eine merkwürdige Persönlichkeitsveränderung bemerkbar. Anders als Darwin weigerte er sich, die Evolution des menschlichen Geistes durch dieselben natürlichen Prozesse zu deuten, wie sie von ihm und Darwin für die Evolution von Tier und Pflanze postuliert worden waren. Zunehmend widmete er sich spiritualistischen Gedanken, und er glaubte an einen übernatürlichen Ursprung des menschlichen Geistes, was vielen seiner wissenschaftlich orientierten Freunde sehr peinlich war. Anderseits erwachte bei ihm, der in jahrelanger Abgeschiedenheit gelebt hatte, sein Interesse an den gesellschaftlichen Problemen seiner Zeit. Er kämpfte z. B. für die Einführung des Frauenstimmrechts und für die Enteignung des Grundbesitzeradels. Kein Wunder, dass er nicht – im Gegensatz zu Darwin – in der Westminster Abbey begraben wurde.

33 Peter Kropotkin

Pjotr Alexejewitsch Kropotkin
Geboren am 9. Dezember 1842 in Moskau. 1857 – 1862 Kadettenschule in St. Petersburg. 1862 – 1867 Dienst im sibirischen Kosakenregiment. 1872 politische Aktivitäten in der Schweiz bei der libertären Juraföderation in Neuchâtel, dann unruhige Zeiten in England, Frankreich und wieder in der Schweiz. 1917, nach Februar-Revolution, Rückkehr nach Russland und anarchistische Opposition zu den Bolschewisten. Gestorben am 8. Februar 1921 in Dmitrow bei Moskau. Seine von mehreren Zehntausenden von Menschen besuchte Beerdigung war die letzte Massenveranstaltung oppositioneller Kräfte in der Sowjetunion bis 1990.

Der russische Prinz und Anarchist Peter Kropotkin sollte zwar noch einige Gefängnisse kennenlernen, aber nach Sibirien meldete er sich als Freiwilliger. Als junger Mann hatte er mit Begeisterung viel gelesen: über Wissenschaft, über Politik und anderes. Aber da ihm das Geld für ein Studium an der Universität St. Petersburg fehlte, meldete er sich beim Militär zu einer geographischen Expedition nach Sibirien und der Mandschurei. Er wurde ein angesehener Geograph. Er sah aber auch, wie miserabel die Lebensbedingungen in Sibirien waren, wie korrupt die zaristische Bürokratie. So ließ er sich vom Gedanken der Anarchie überzeugen, der harmonischen Gesellschaft ohne Regierung. Er wurde ein angesehener Anarchist. Er agitierte in der Schweiz, in Frankreich, in England und schließlich nochmals in Russland. An anarchistischen Gewalttaten war er zwar nie direkt beteiligt, aber es genügte schon, Pamphlete zu schreiben, um immer wieder mit dem Gesetz in Konflikt zu geraten. Aber er liebte das Schreiben; er verfasste Schriften für die Sozialistische Internationale, Bücher über Soziologie, die Französische Revolution, seine Memoiren und auch Texte über naturwissenschaftliche Themen. Er wurde ein angesehener Intellektueller.

Kropotkin übte scharfe Kritik am Darwinismus der Jahrhundertwende. Die Verwendung des Ausdrucks „survival of the fittest" war ihm suspekt. Es konnte nicht sein, dass der „Tüchtigste" den weniger „Tüchtigen" einfach verdrängte. Denn in Sibirien hatte Kropotkin ganz andere Erfahrungen gesammelt. Er hatte das Prinzip der Kooperation beobachtet, die gegenseitige Hilfe beim Menschen und in der Natur. Befürworter des Sozialdarwinismus, des brutalen „survival of the fittest", mussten ja annehmen, dass, je schwieriger die Umweltbedingungen sich gestalteten, desto rauer, desto egoistischer würde der Überlebenskampf des Einzelnen sich gestalten. Doch Kropotkin hatte genau das Gegenteil gesehen. Je bedrohlicher die Kälte, je grausamer der Hunger, umso mehr leisteten sich die Mitglieder einer Gesellschaft gegenseitige Hilfe – sowohl bei den Menschen wie bei den Wölfen, in der ganzen Natur. Seiner Meinung nach musste der Darwinismus, die Idee der natürlichen Auslese, auch auf Gruppen und gesellschaftliche Verhaltensformen angewandt werden. Er meinte: Im Tierreich sehen wir, dass viele Arten in Gemeinschaft leben und in der Gemeinschaft die beste Waffe im Lebenskampf finden. Da, wo die gegenseitige Hilfe am ausgeprägtesten ist, da liegen die besten Voraussetzungen vor, um das Leben des Einzelnen zu verlängern, kulturellen Fortschritt aufrechtzuerhalten und gesellschaftliche Gepflogenheiten weiter zu verbessern und so die weitere Evolution zu ermöglichen. Die nicht-kooperierenden Spezies hingegen sind eher vom Aussterben bedroht.

Hatte Kropotkin die wichtigsten Entwicklungen der Selektionstheorie des 20. Jahrhunderts, die Idee der „kin-selection" als genetische Grundlage des Altruismus, und die Spieltheorie, als Grundlage für gesellschaftliche Verhaltensstrategien vorweggenommen? Ist er der eigentliche Pionier der Soziobiologie?

34 Mathias Schleiden

Mathias Jacob Schleiden
Geboren am 5. April 1804 in Hamburg. 1824 – 27 Jura-Studium in Heidelberg. Nach Suizidversuch Berufswechsel. Ab 1832 Studium der Naturwissenschaften in Göttingen. 1839 Promotion an der Universität Jena. 1840 Professor für Botanik in Jena. 1850 Professor für Medizin und Naturgeschichte, Direktor des Botanischen Gartens, Universität Jena. 1863 – 64 Professor für Anthropologie, Universität Dorpat (Tarta). Nach 1864 Privatgelehrter in Dresden, Darmstadt, Wiesbaden und Frankfurt am Main, wo er am 23. Juni 1881 starb.

Schleidens Karriere als Rechtsanwalt war sehr unbefriedigend – ein Desaster. Der einzige Ausweg war ein Selbstmordversuch; doch auch der ging daneben: Der Schuss in die Schläfe misslang zu einem Streifschuss an der Stirn. Nun aber kam plötzlich eine neue Lebensfreude in ihm auf und Mathias Schleiden begeisterte sich für die Lebensvorgänge. Er studierte Biologie und wurde Professor in Jena.

Inzwischen waren die ersten Kinderkrankheiten des Mikroskops überwunden, z. B. ließen sich mit den neuen achromatischen Linsen die verwischten Bilder mit den regenbogenartigen Farbrändern vermeiden. Und vielerlei pflanzliche Gewebe, die Schleiden untersuchte, zeigten nun ein gemeinsames Grundmuster. Ein Gewebe bestand aus abgegrenzten Gebilden, höchstens ein paar hundertstel Millimeter groß: Die Grundeinheit des Gewebes war die Zelle – das war die lapidare Schlussfolgerung Schleidens. Und diese Grundeinheit bezog sich nicht nur auf die Struktur, sondern in Schleidens Betrachtungen war die Zelle auch die Grundeinheit des

Lebens schlechthin. Wie recht er damit hatte! Bei einzelligen Organismen wie den Bakterien ist dies die ganze Wahrheit. Bei Vielzellern allerdings findet sich die Zelle in einer etwas schizophrenen Situation wieder: Einerseits kann sie ihre Individualität aufrechterhalten, anderseits aber muss sie sich anpassen an die Lebensumstände, die ihr das Zusammenleben mit anderen Zellen im Gesamtorganismus aufzwingen; sie ist eingebettet und ist Teil eines Gewebes, sie muss neben dem Stoffwechsel für ihren eigenen Lebensunterhalt auch spezielle Aufgaben zugunsten des Gewebes und des Gesamtorganismus erfüllen. (Diese letzteren kann sie allerdings bei Gelegenheit zugunsten ihrer unabhängigen Ursprünglichkeit vernachlässigen: Rücksichtslos wachsende Krebszellen und im Kulturmedium gehaltene embryonale Stammzellen sind Beispiele dafür.)

Besonders befriedigend für Schleiden war die Erkenntnis, dass seine an pflanzlichem Material gewonnenen Befunde auch auf tierisches Gewebe zutrafen. Diese Beobachtung stammte von Schleidens Kollegen Theodor Schwann in Würzburg. Beide hatten sich durch Zufall kennengelernt, und ein sehr fruchtbarer Gedankenaustausch führte dazu, dass ihre Namen in der Zell-Theorie von Schleiden und Schwann (1842) verewigt wurden.

Eigentlich zu Unrecht, denn unerwähnt blieb dabei eine große Zahl von Forschern, die ganz wesentliche Beiträge zur Gestaltung der Zell-Theorie, wie wir sie heute kennen, leisteten. So war Schleiden der Ansicht, dass neue Zellen im Gewebe durch eine Art Selbstmontage, Kondensation – Kristallisation möchte man eher sagen – organischer Materie entstanden. Dies konnte geschehen im Innern einer Mutterzelle oder auch im extrazellulären Raum. Dass Zellen sich ausschließlich durch Zweiteilung, Mitose, vermehren, war eine spätere Einsicht, ganz zu schweigen von den Einzelheiten und Funktionen von Zellbestandteilen wie Zellkern, Mitochondrien, Chloroplasten etc. Zwar war der Zellkern schon Schleiden und Schwann als wesentlicher Bestandteil der Zelle aufgefallen, aber die Chromosomen und speziell ihr Verhalten bei der Zellteilung blieben unbemerkt.

Die Erarbeitung der Einsicht, dass die Zelle auch die Grundeinheit der Sexualität darstellt, ist ein Thema für sich. Pollenkörner wurden von Schleiden als Zellen erkannt. Und er sah auch, wie aus einem Pollenkorn auf der Narbe ein Schlauch wächst, der den Zellkern des Pollens den Griffel hinunter bis in den Fruchtknoten transportiert. Diese Beobachtung machte er immer wieder, an mehr als vierzig verschiedenen Pflanzenarten.

Dann aber versteifte sich Schleiden in der Ansicht, dass nur dieses Material aus dem Pollen für die Samenbildung zuständig sei und das weibliche Gewebe nur eine Nährfunktion übernehme – so wie von Aristoteles schon behauptet. Nach den Anfeindungen, die Camerarius und Linné erfahren hatten, und nachdem Kölreuters Versuche keine Beachtung fanden, hätte sich dieser wohl im Grabe umgedreht, hätte er erfahren, dass nach 150 Jahren die Sexualität der Pflanzen jetzt zum dritten Mal geleugnet wurde.

Eines Tages bekam Schleiden ein neues, gutes Mikroskop als Geschenk zugeschickt von einem Astronomen, Giovanni Amici, Direktor der Sternwarte der Universität Pisa. Dieser war ein geschickter Instrumentenbauer, der hauptsächlich Fernrohre, aber auch Mikroskope herstellte. Und um die Qualität dieser Mikroskope zu prüfen, hatte Amici das Eindringen des Pollenschlauches in den Griffel verfolgt und dabei beobachtet, wie die weibliche Samenanlage durch den Pollenschlauch befruchtet wurde; der Embryo entstand also nicht, wie Schleiden behauptete, ausschließlich vom Pollenschlauch ausgehend.

Amicis Geschenk mit der Bitte, Schleiden möge besser hineinschauen, war die Antwort auf Schleidens wüste Polemik gegen all diejenigen, die nicht seiner Meinung waren. Aber Schleiden hätte sich niemals dazu bewegen können, seine Meinung zu ändern, wenn nicht ein Student namens Ludwig Radelkofer in Schleidens Labor genau beobachtet hätte, wie die Befruchtung im Embryosack vor sich ging, und durch hartnäckiges Wiederholen und Vorzeigen seiner Beobachtungen schließlich seinen starrköpfigen und aufbrausenden Chef Schleiden förmlich dazu zwang, sich dem Druck der Tatsachen zu beugen.

35 Carl Friedrich Gärtner

Carl Friedrich Gärtner
Geboren am 1. Mai 1772 in Göppingen (Württemberg). Apothekerlehre in Stuttgart. Studium der Medizin in Jena, Göttingen und Tübingen. Ab 1796 praktischer Arzt in Calw. Ab 1800 Privatgelehrter in Calw, wo er am 1. September 1850 starb.

Überall in Europa wurden im 17. und 18. Jahrhundert wissenschaftliche Akademien gegründet. Nach dem Muster der Royal Society in London genossen ihre Mitglieder volle Forschungsfreiheit, wenn es sich um naturwissenschaftliche Themen handelte (Soziologie und Politik waren jedoch strikte Tabus). Und viele dieser Akademien wetteiferten durch Preisausschreiben um die Ehre, die Erarbeitung neuer Erkenntnisse gesponsert zu haben. So hatte die Holländische Akademie der Wissenschaft 1830 einen Preis zum Thema: „Was zeigen Versuche zur Entstehung neuer Arten und Varietäten mittels künstlicher Befruchtung und welche neuen Nutz- und Zierpflanzen können so produziert werden?" ausgeschrieben. Erst nach acht Jahren meldete sich der erste und einzige Kandidat, Carl Friedrich Gärtner, der eine Zusammenfassung seiner bisherigen Arbeiten einreichte – und er bekam auch den Preis. Jetzt konnte sich Gärtner in Ruhe der endgültigen Fassung seines Lebenswerkes widmen, die er, 76-jährig, zwei Jahre vor seinem Tod, publizierte: *Versuche und Beobachtungen über die Bastard-Erzeugung im Pflanzenreich*. Charles Darwin war von diesem Werk so begeistert, dass er meinte, in ihm seien mehr kostbare Informationen enthalten als in allen anderen zusammen. Wie war es dazu gekommen?

Die immer noch andauernde Kontroverse zur Sexualität der Pflanzen hatte den wohlhabenden Sohn einer Gelehrtenfamilie dazu motiviert, im Garten seines Hauses im württembergischen Calw eigene Kreuzungsversuche durchzuführen. Es gab da widersprüchliche Berichte, dass die Pollenkörner beim Mais die Farbe der Samen direkt beeinflussten. Dies und vieles mehr wollte er endgültig klären. Carl Friedrich Gärtner fasste den Entschluss, sich der Befruchtung und Hybridisierung im Pflanzenreich zu widmen. Dazu musste er aber zuerst sein allgemeines Interesse an der Botanik einschränken, und dies, nachdem er bereits 26 dicke Manuskriptbände über Pflanzenphysiologie geschrieben und auch das Werk seines verstorbenen Vaters, des Botanikers Joseph Gärtner – ein Freund Kölreuters übrigens – vollendet und in drei Bänden publiziert hatte. Im Laufe der Jahre sammelte sich dann eine unheimliche Fülle von Versuchsergebnissen an aus etwa 10000 Kreuzungsversuchen mit Erbsen, Mais, Tabak, Nelken u. a., insgesamt etwa 700 Arten und zahllose Hybride.

Aber was konnte Gärtner nun daraus schließen? Zum einen hatte er Kölreuters Beobachtungen allesamt bestätigt. So die Uniformität der F1-Nachkommen. Auch die Aufspaltung der F2 hatte er, wie auch Kölreuter, immer wieder betont. Die vielfältigen Varianten waren ein ergiebiges Ausgangsmaterial für neue Zierpflanzen. Auch in den folgenden Hybrid-Generationen war die Aufspaltung offensichtlich allgegenwärtig. (Hätte er schlüssiger experimentiert, wäre ihm aber nicht entgangen, dass einige Hybrid-Nachkommen nicht ‚segregierten', sich also nicht trennten oder absonderten und sogenannte ‚reine' Linien bildeten.)

Gärtner beschränkte sich auch nicht auf allgemeine Beschreibungen, sondern versuchte, Ergebnisse quantitativ zu erfassen. Aber was nützte das? An einer Mais-Ähre z. B. zählte er 214 rötliche und 64 graue Körner, an einer andern 104 rote und 39 gelbe. Dies war ein Aufspaltungsverhältnis von ziemlich genau 3 : 1, dem Mendel'schen Erwartungswert. Doch eine Deutung, wie Mendel sie wenige Jahre später vornahm, blieb aus – ein beispielhafter Beleg für das, was der Physiker Arthur Eddington 100 Jahre später provokativ feststellen würde: Versuchsergebnisse, die nicht durch eine Theorie bestätigt werden, sind wertlos.

So waren denn auch die vermeintlichen Widersprüche in seinen Versuchen, die ihm zu Beginn aufgefallen waren – die Pollenkörner bestimmten z. B. manchmal die Farbe der Samenkörner, manchmal nicht –, immer noch dieselben. Auch die unterschiedliche Fertilität von Hybriden – einige ließen sich normal weiter kreuzen, andere waren steril – blieb für Gärtner ein Geheimnis; wie schon Kölreuter konnte auch er nicht wissen, dass Kreuzungen von Tetraploiden mit Diploiden sterile Triploide lieferten. Er glaubte, genau unterscheiden zu können, was verschiedene Arten und was bloße Varietäten einer Art sind: aus Kreuzungen unterschiedlicher Arten entstanden keine fertilen Nachkommen im Gegensatz zu Kreuzungen zwischen Varietäten. Dass diese Aussage aber auf einem Zirkelschluss gründete, war ihm nicht klar.

In einem wesentlichen Punkt aber unterschied sich Gärtners Arbeit von der Kölreuters (abgesehen vom immensen Umfang): Während Kölreuter als Kind des Barocks noch im Rahmen der natürlichen Theologie spekulierte, war Gärtner zur nüchternen Betrachtungsweise der heutigen weltlichen Wissenschaft übergegangen. Es ist dies die aktuell anmutende Denkweise und der Stil, den wir wenig später an einer eher unvermuteten Stelle wiederfinden: in den Versuchsbeschreibungen des Augustinermönchs Gregor Mendel.

36

Augustin Sageret

(1763–1851)

Kam dem bescheidenen, praktisch denkenden Agronomen Sageret (1763–1851), Mitglied der Societé Royale et Centre d'Agriculture de Paris, eine entscheidende Idee? Er hatte über einige Jahre hinweg Melonen gekreuzt und dabei auf die Vererbungsmuster von eindeutig erkennbaren Eigenschaften geachtet. Das Fleisch seiner Varietäten war entweder gelborange oder weiß, die Samen gelb oder weiß, die Schale netzartig gezeichnet oder völlig glatt, gelb oder grün, der Geschmack süß oder säuerlich. Obwohl bei den Nachkommen die einzelnen Merkmale in allen denkbaren Neu-Kombinationen auftraten, war das einzelne Merkmal immer unverändert. Sageret schuf den Begriff der Merkmals-Alternativen: süß oder sauer; gelb oder grün ... Schlummerte da nicht im Hintergrund die Vorstellung eines entsprechenden Erbfaktors, der jeweils verantwortlich war z. B. für die Farbe der Schale oder den Geschmack des Fleisches? Von jedem dieser Erbfaktoren waren zwei verschiedene Formen möglich, die eine Form des Erbfaktors für die Farbe der Schale beispielsweise war verantwortlich für die Bildung einer gelben, die andere für die Bildung einer grünen Schale. Hatte Sageret den Begriff des Gens, mit seinen unterschiedlichen Allelen (einander entsprechende Erbanlagen), das eine väterlichen, das andere mütterlichen Ursprungs, nicht klar erkannt und damit die Grundlage der Genetik entworfen?

37 Johann Gregor Mendel

Johann Gregor Mendel
Geboren am 22. Juli 1822 in Heinzendorf, Schlesien. 1840 – 1843 Gymnasium in Olmütz (heute Olomouc). 1843 Novize im Augustinerkloster Brünn (heute Brno). 1848 Priesterweihe. 1851 – 1853 Studium der Naturwissenschaften, Universität Wien. 1854 Rückkehr ins Kloster, ab 1868 Abt. Gestorben am 6. Januar 1884 im Kloster.

Mitten in der Prüfung versagten die Nerven – der Student gab auf und kehrte zurück ins Kloster. Er hatte sich nach vier Semestern an der Universität Wien für das Lehramt in Naturwissenschaften qualifizieren wollen, aber nach dem gescheiterten Examen musste sich der hochbegabte und motivierte Student, der Augustinermönch Gregor Mendel, nun als Hilfslehrer betätigen. Immer wieder dasselbe: Er war der brutalen Realität der Welt nicht gewachsen. Deswegen war er ja auch ins Kloster eingetreten, als er sich nach früheren Nervenzusammenbrüchen außer Stande sah, einen Beruf zu erlernen und damit seinen Lebensunterhalt zu bestreiten, vielleicht sogar eine Familie zu gründen.

In der Dorfschule in Heinzendorf, Schlesien (heute Hynčice, Tschechien, nahe der polnischen Grenze), war er als naturwissenschaftlich interessiert und begabt aufgefallen; sein Lehrer setzte sich für ihn ein, um ihm den Besuch des Gymnasiums im nahen Troppau zu ermöglichen, und seine jüngere Schwester Theresia verzichtete auf einen Teil ihrer Mitgift, um sein Studium der Philosophie an der Universität Olmütz zu finanzieren. Aber es wurde ihm früh schon klar: Die Ruhe des Augustinerklosters in Brünn (heute Brno) war der einzige Ausweg aus seiner Zukunftsangst und Verzweiflung. Und der Klostergarten wurde sein beliebtester Ort der Ruhe. In Wien hatte er Vorlesungen über Mathematik und Physik (bei Doppler), Zoologie, Botanik, auch Paläontologie gehört und hatte den Geist der Wissenschaftlichkeit verinnerlicht. Ruhe, Meditation im Klostergarten, objektive, vom eigenen Ich losgelöste Weltbetrachtung machte den Neurotiker zu einem ausgeglichenen, liebenswürdigen und bescheidenen Menschen – wie er von allen Zeitgenossen beschrieben wurde.

Im Klostergarten begann er 1854 mit Kreuzungsversuchen an Erbsen. Sie beschäftigten ihn die nächsten zehn Jahre. Er kannte die Arbeiten von Kölreuter und Gärtner, aber sein Vorgehen war radikal anders – hatte er seine analytische Denkweise bei seinen Lehrern an der Universität in Wien geschärft?

Von 34 Erbsensorten, die er sich in Samenhandlungen kaufte, suchte er im ersten Jahr 22 aus. Wie schon Sageret vor ihm, listete er bei seinen Pflanzen Merkmalspaare auf: Samen rund oder runzelig, Keimblätter gelb oder grün, Samenschalen weiß oder grau, Blüten rot oder weiß– eine Serie von acht Merkmalsalternativen. In den folgenden Jahren wertete er in sorgfältiger, mühevoller Arbeit viele Dutzende von Kreuzungen aus. Wie Gärtner es gelegentlich auch schon getan hatte, zählte er die verschiedenen Nachkommentypen aus einer Kreuzung getrennt aus. Kreuzte er Pflanzen mit grünen Samen mit solchen mit gelben Samen, so waren in der ersten Generation (F1) alle Samen gelb (Uniformität, wie von Kölreuter und Gärtner auch schon beschrieben). Kreuzte er die F1 unter sich (oder überließ er die F1-Pflanzen der Selbstbefruchtung), so fand er z. B. in einem Fall 6022 gelbe und 2001 grüne Erbsen. Bei einer anderen Kreuzung zählte er in der F2 (d. h. bei den Nachkommen der F1) 705 Pflanzen mit roten Blüten und 224 Pflanzen mit weißen Blüten. Kreuzte er Pflanzen mit runden gelben und solche mit runzeligen grünen Samen, so ergab die Auszählung der F2-Samen 315 runde gelbe, 108 runde grüne, 101 runzelige gelbe und 32 runzelige grüne Samen. All das protokollierte er, Jahr für Jahr. Aber im Gegensatz zu früheren Hybridisierern wie Kölreuter und Gärtner (und einigen Dutzend anderen) begnügte sich Mendel nicht mit dem Protokollieren der Ergebnisse. Irgendwann (er beschreibt nicht, wie es geschah) muss ihm klar geworden sein, was seine Beobachtungen bedeuteten: Seine Zahlen bei F2-Kreuzungen reflektierten ein 3 : 1-Aufspaltungsverhältnis und ein 9:3:3:1-Verhältnis, wenn sich die ursprünglichen Elterntypen in zwei Merkmalsalternativen unterschieden (z. B. rund gelb × kantig grün). Und dann kam die geniale Einsicht: Ein solches 3:1-Verhältnis konnte nur zustande kommen, wenn in den F1-Individuen für jede Merkmalsalternative zwei individuelle Erbfaktoren existierten, einer davon väterlicherseits geerbt, der andere mütterlicherseits. Und bei der Bildung dessen, was wir heute Gameten nennen, mussten sich diese Erbfaktoren wieder trennen und nur einer davon in je eine Gamete (Pollen oder weibliche Gamete im Fruchtknoten) wandern. Nach der Vereinigung der männlichen und weiblichen Gameten waren dann wieder zwei Erbfaktoren für jedes Merkmal bzw. für jede Merkmalsalternative vorhanden. Bei Mendels Erbsen war nur einer dieser Erbfaktoren entscheidend für die Merkmalsausprägung, dieser war „dominant"; so, z. B. wenn der Faktor für „gelb" und der für „grün" beisammen waren, so war gelb dominant, grün entsprechend rezessiv. Ob ein bestimmter Erbfaktor dominant oder rezessiv ist, hat physiologische Gründe und ist für die genetische Übertragungsweise irrelevant. Dieser Sachverhalt war auch Mendel bekannt, er hatte z. B. bei der Wunderblume *Mirabilis jalapa* einen sogenannten intermediären Erbgang für die Blütenfarbe beobachtet, bei dem nicht eine 3:1-Aufspaltung, sondern eine 1:2:1-Aufspaltung von rot blühenden, rosa blühenden und weiß blühenden F2-Nachkommen zu beobachten war. Die Faktoren für zwei verschiedenartige Merkmalsalternativen, wie z. B. die Alternativen „Samen, glatt oder runzelig" und „Blüten, rot oder weiß" verhielten sich unabhängig voneinander, so dass aus einer entsprechenden Kreuzung z. B. einige rot blühende Nachkommen glatte Erbsen, andere rot blühende Exemplare aber runzelige Erbsen hervorbrachten; dasselbe traf natürlich auch für die weiß blühenden zu. Jetzt fing Mendel an darüber zu schreiben:

„Künstliche Befruchtungen, welche an Zierpflanzen deshalb vorgenommen wurden, um neue Farb-Varianten zu erzielen, waren die Veranlassung zu den Versuchen, die hier besprochen werden sollen" – so beginnt Gregor Mendel die Darstellung seiner entscheidenden *Versuche über Pflanzen-Hybriden*, die 1866 in der obskuren Zeitschrift *Verhandlungen des Naturforschenden Vereins in Brünn* erschien. Wer konnte Anstoß nehmen an neuen Farben-Varianten von Zierpflanzen? Gleich zu Anfang war jeder beruhigt und von der Harmlosigkeit des Mendel'schen Vorhabens überzeugt. Warum hat Mendel tief im Text seiner 50-seitigen Publikation Formulierungen versteckt wie: „... indessen scheint es der einzig richtige Weg zu sein [er spricht von seiner Arbeit], auf dem endlich die Lösung einer Frage erreicht werden kann, welche für die Entwicklungsgeschichte der organischen Formen von nicht zu unterschätzender Bedeutung ist", oder: „Niemand wird im Ernst behaupten wollen, dass die Entwicklung von Pflanzen im freien Lande durch andere Gesetze geleitet wird, als im Gartenbeet. Hier wie dort müssen typische Abänderungen auftreten, wenn die Lebensbedingungen für eine Art geändert werden und diese die Fähigkeit besitzen, sich den neuen Verhältnissen anzupassen. Es wird gerne zugegeben, dass im Gartenbeet Abänderungen erhalten werden, welche im freien Zustande unterliegen müssten ..."? War Mendel die Idee der spontanen Variation und der natürlichen Selektion gekommen? Dachte er über fundamental wichtige, allgemeine Fragen der Biologie nach? Warum versteckte er solche Gedanken inmitten von Seiten harmlosen Textes? Versteckte sich sein Problem der Angst, der Lebensangst in seinen Arbeiten? Er hatte vier Semester in Wien studiert und kannte die Universität und seine Lehrer. Und er hatte erfahren, dass einer der Professoren in Wien, der Botaniker Franz Unger, die größten Unannehmlichkeiten überstehen musste, denn Unger hatte es gewagt, die absolute Konstanz der Arten in Frage zu stellen. Zwar hatte er daraus keine Theorie abgeleitet wie Darwin (von dem Unger nichts wusste), aber schon der Gedanke an eine erdgeschichtliche Evolution war gefährlich. Wenn Pflanzenarten nicht konstant sind, sind möglicherweise auch gesellschaftliche Strukturen nicht konstant. Würden solche Gedanken die Österreich-Ungarische Monarchie bedrohen, womöglich die Französische Revolution rechtfertigen? Eine Medienkampagne gegen Unger war losgebrochen; klerikale und konservative Kreise beschimpften ihn als Verführer der Jugend, der Gift in deren unschuldige Gehirne geträufelt habe ... Unger wurde schließlich seiner Professur enthoben, auf die Straße gesetzt. Nur dank des vehementen und andauernden Protestes seiner Studenten wurde dieser letzte Schritt schließlich rückgängig gemacht.

Mendel war vorsichtiger. Er beschränkte sich im Wesentlichen auf die Beschreibung seiner Versuche – die Zeit der Theorien war für ihn noch nicht gekommen. Aber seine Versuche sprachen für sich: Sie zeigten, dass Vererbung nicht auf der undefinierbaren Mischung von „Säften" beruht, sondern von individuellen „Elementen" geregelt wird, die jeweils für die Ausbildung eines bestimmten Merkmals (wie z. B. Blütenfarbe) zuständig sind. Mendels „Elemente" – heute „Gene" genannt – lagen in den Gameten in einfacher Anfertigung vor, je ein „Element" für ein bestimmtes Merkmal einer bestimmten Merkmalsalternative (wie weiße oder rote Blütenfarbe). Mendel erkannte die Existenz verschiedener sogenannter Allele eines Gens, die sich bei der Gametenbildung trennen, d. h. jeweils in verschiedene Gameten wandern, wobei in diesen beliebige Kombinationen von Allelen verschiedener Gene möglich sind. Das ist das, was wir heute unter „Mendelismus" verstehen.

(Warum aber ist immer wieder in gelehrten Abhandlungen behauptet worden, Mendel sei kein Mendelist im heutigen Sinne? Vielleicht dachte er zu abstrakt: Bei homozygoten Allelen hielt er es nämlich nicht für nötig, beide Allele gesondert zu notieren, sondern notierte nur die Information, die diese Allele trugen, und die war ja bei Homozygotie dieselbe – so ergab sich seine fatale Schreibweise der Mendel'schen Aufspaltung: A + 2Aa + a anstelle der heutigen Notation AA + 2Aa + aa.)

Mendel hätte sich sehr gerne von der Allgemeingültigkeit der von ihm erkannten Regeln (oft als „Mendel'sche Gesetze" bezeichnet) überzeugt und führte eine Serie von Versuchen mit anderen Pflanzen durch (z. B. Mais und Bohnen), die seine Beobachtungen an Erbsen bestätigten. Fatal aber war, dass er sich von dem berühmten Zürcher Botaniker Carl Nägeli überzeugen ließ, *Hieracium*, das Habichtskraut, als Untersuchungsobjekt zu verwenden, hauptsächlich weil Nägeli selber mit *Hieracium* arbeitete. Nun stimmte gar nichts mehr, keine seiner an Erbsen abgeleiteten Regeln ließ sich bestätigen, keine Gesetzmäßigkeit mehr ableiten … Mendel sollte es nicht mehr erleben, dass seine Regeln, trotz *Hieracium*, allgemein gültig sind, beim Mais, bei der Maus und beim Menschen. Denn wie es sich später herausstellte, basiert die Samenbildung beim *Hieracium* nicht auf Sexualität (Befruchtung durch Pollen), sondern auf einem als Apomixis bekannten Prozess – eine Art Parthenogenese (Jungfernzeugung) … Mendel selbst ist es daher nie klar geworden, dass er nicht nur der letzte Vertreter der Ära der Hybridisierer war, die im Fahrwasser der Polemik um die Sexualität der Pflanzen eine im 19. Jahrhundert sehr populäre Forschungsrichtung aufgebaut hatten, sondern auch der Pionier der neuen Betrachtungsweise – eines neuen Paradigmas, wie es Wissenschaftshistoriker gerne nennen –: nämlich der klassischen Genetik, in der mit dem Gen im Wesentlichen als abstrakte Größe operiert wurde, die aber zu enormen konkreten Ergebnissen führte, sowohl in der Grundlagenforschung wie in der Landwirtschaft, Viehzucht und Medizin, … – und wohl auch zu neuen Polemiken, ethischer und theologischer Natur.

Hat Mendel gemogelt? Im Jahre 1936 publizierte Roland Fischer, einer der Pioniere der Statistik, eine Abhandlung, in der er rhetorisch fragte, ob Mendels Beobachtungen wirklich wiederentdeckt worden sind. Denn was

Fischer feststellte, war bisher noch niemandem aufgefallen: Mendels Versuchsergebnisse stimmten unglaublich gut mit den theoretischen Erwartungswerten überein, die sich aus seiner Deutung seiner Beobachtungen ergaben – zu gut, könnte man meinen. War das wirklich Zufall? So hatte Mendel z. B. in einem Versuch 6022 gelbe und 2001 grüne Erbsen gezählt; der theoretische Erwartungswert bei einer 3:1 Aufspaltung ist 6017:2006, also lag hier eine Abweichung von nur 5 Erbsen vor. Statistisch gesehen, würde nur etwa jeder 20. Versuch ein Resultat liefern, das so nahe am theoretischen Erwartungswert liegt. Mendels Versuch war eben dieser eine unter 20, der zufälligerweise so nahe an den theoretischen Wert herangekommen war, könnte man annehmen ... Diese Interpretation ließe sich ohne weiteres akzeptieren, wenn bei einem nächsten Versuch nicht schon wieder ein dem Erwartungswert auffällig nahes Ergebnis angegeben wäre ... und dann nochmals ... und nochmals ... In allen Versuchen Mendels liegen die angegebenen Werte so nahe am Erwartungswert, dass die Chancen, durch Zufall ein so gut passendes Ergebnis zu erzielen, deutlich geringer sind als 1:10 000. Hat also Mendel dem Zufall etwas nachgeholfen, hat er seine Ergebnisse etwas geschönt? Oder ist er eben zufälligerweise dieser eine Glückspilz, der unter mehr als 10 000 anderen so nahe an den Erwartungswert gekommen ist?

In einem Versuch aber hatte Mendel ein Ergebnis, das besonders stark vom statistischen Erwartungswert abweicht. Es handelt sich hier um einen Test, der zeigen sollte, dass bei einer Kreuzung von rot blühenden und weiß blühenden Erbsenpflanzen zwei Drittel der rot blühenden F1 Nachkommen heterozygot sind, wie er erkannt hatte, dass es so sein müsste. Dazu erlaubte er allen rot blühenden F1-Pflanzen die Selbstbestäubung und pflanzte dann die aus dieser Selbstkreuzung hervorgegangenen Erbsen ein; zehn Erbsen von jeder Pflanze, insgesamt 600 Erbsen. Wuchsen alle 10 Erbsen von einer Pflanze zu rot blühenden heran, so wurde diese als homozygot eingestuft, waren darunter aber auch weiß blühende, so stufte Mendel die Eltern-Pflanze als heterozygot ein. Auf diese Weise fand Mendel ein Verhältnis von Heterozygoten zu Homozygoten, das überraschend gut mit seinem Erwartungswert von 2:1 übereinstimmt. Aber was Mendel offenbar nicht bedacht hatte (in seiner Arbeit wird das Problem nicht erwähnt), ist die Tatsache, dass einige der Heterozygoten nicht als solche erkannt werden können, wenn von einer solchen Pflanze nur 10 Nachkommen geprüft werden, denn immer wieder werden unter den 10 Erbsen zufälligerweise nur solche sein, die zu rot blühenden Pflanzen heranwachsen, obwohl die Pflanze heterozygot war (es ist dies ein Anteil von etwa 5% der Pflanzen, genauer: $0{,}75^{10}$). Berücksichtigt man den echten statistischen Erwartungswert von etwa 1,7:1, so stellt sich heraus, dass die von Mendel angegebenen Werte besonders weit von diesem Wert entfernt liegen (nur etwa jeder 2000. Versuch würde zufälligerweise so weit abweichende Resultate ergeben), aber ganz besonders nahe am vermeintlichen Erwartungswert, den Mendel offensichtlich seinem Versuch zu Grunde gelegt hatte.

Der peinliche Verdacht liegt nahe, dass Mendel, als verehrter Klassiker der exakten Naturwissenschaften, ‚zu exakt' gearbeitet hat, d. h., dass er die zufallsbedingten Abweichungen vom statistischen Erwartungswert „wegkorrigiert" hat. Dieser Verdacht lässt sich nicht ausräumen, aber es lässt sich auch nicht beweisen, dass er nicht der eine unter vielen Tausenden ist, der zufälligerweise das Glück – oder das Pech – hatte, so nahe an die Erwartungswerte bzw. an den einen vermeintlichen Erwartungswert heranzukommen.

Interessant ist die unbeholfene Reaktion des wissenschaftlichen Establishments auf Fischers Analyse von Mendels Arbeit. Über die Jahrzehnte hinweg hat sich zum Thema „Ehrenrettung Mendels" eine stattliche Anzahl von Veröffentlichungen angesammelt. So soll z. B. Mendel die Erbsen und Blüten, und auch die ganzen Pflanzen (Hochwuchs vs. Zwergwuchs) nicht selber gezählt haben, sondern ein von ihm beauftragter mysteriöser Gärtner, der wusste, was für Resultate Mendel von ihm erwartete. Oder Mendel soll nicht eindeutig zuzuordnende Objekte unbewusst zu Gunsten seiner Erwartungen eingestuft haben, oder er soll größere Abweichungen als Versuchsfehler verworfen haben, oder … und … oder … Betrachtet man die Umstände, so kann man, zusätzlich zu all diesen merkwürdigen Hypothesen, auch den Standpunkt vertreten, dass Mendel – in einer Zeit, in der es noch keine statistische Varianzanalyse gab – sich geradezu gezwungen sah, von einer gewissen „didaktischen Freiheit" Gebrauch zu machen, wenn er sich eine Chance einräumen wollte, dass seiner Deutung der von ihm gefundenen Versuchsergebnisse Glauben geschenkt werden konnte.

38 Louis Pasteur

Louis Pasteur

Geboren am 27. Dezember 1822 in Dôle (Burgund), Sohn eines Gerbers. 1843 – 1846 Studium der Naturwissenschaften, Ecole Normale Superieure, Paris. 1849 – 1854 Professor der Chemie, Universität Straßburg. 1849 Heirat mit Marie Lauret, Tochter des Rektors der Universität Straßburg; dieser Ehe entsprossen vier Kinder, zwei überlebten ins Erwachsenenalter. 1857 – 1867 Direktor der Ecole Normale Superieure, Paris. 1867 – 1874 Professor der Chemie, Universität Paris. 1868 Schlaganfall, der zu lebenslanger Behinderung bei Sprechen, Gehen und Handfertigkeiten führte. 1888 Gründung und Leitung eines Institutes für Infektionskrankheiten in Paris, später nach ihm benannt. Gestorben am 28. September 1895 in St.-Cloud bei Paris.

Er hatte Talent und wollte eigentlich Maler werden. Dann entschied er sich für die Chemie. Und auch da zeigte er Talent. Seinen ersten Erfolg errang er mit seiner Doktorarbeit. Er hatte im Mikroskop beobachtet, wie in seinen Präparaten zwei Arten von Weinsäurekristallen vorlagen; sie unterschieden sich dadurch, dass die eine Art das exakte Spiegelbild der anderen war. Mühevoll und sorgfältig sammelte er mit der Pinzette die beiden Arten getrennt voneinander. Und stellte dann fest, dass Lösungen der einen Art das polarisierte Licht nach rechts drehten, die der anderen nach links, und die Mischung der beiden war inaktiv. Chemisch ließen sich die beiden Arten von Weinsäure nicht unterscheiden. Weinsäure aus biologischen Präparaten war rechtsdrehend und diese Beobachtung bewog Pasteur zu vermuten, dass die Essenz des Lebens auf einer allgemeinen Asymmetrie beruhte.

Damit hatte er nicht ganz unrecht. Aber seine Vorstellung von Asymmetrie war eher eine konfuse, mystische Asymmetrie, die den ganzen Kosmos durchdrang; dass die biologische Asymmetrie ganz nüchtern auf den aktiven Zentren der Enzyme beruht, die zu ihren Substraten passen wie ein Handschuh zur entsprechenden Hand – und nicht zur andern –, war Pasteur nicht klar.

Denn der Begriff „Enzym" als Biokatalysator war Pasteur fremd (obwohl das Prinzip der Katalyse schon 1835 vom schwedischen Chemiker Berzelius erkannt worden war). Das führte zu einer grotesken Polemik mit dem Chemiker Justus Liebig, als es galt, das Wesen der Vergärung von Zucker zu Alkohol zu deuten. Pasteur bestand darauf, dass nur lebende Hefezellen dank ihrer auf einer unergründlichen Lebensessenz beruhenden Eigenschaft in der Lage waren, Zucker in Alkohol umzuwandeln, während Liebig diesen Prozess auf einen rein chemischen Mechanismus zurückführte, der, wie er meinte, auch der Fäulnis zugrunde lag. Der Streit führte zu einem jahrelangen polemischen Briefwechsel.

Dass beide Widersacher das Phänomen der Vergärung nicht richtig gedeutet hatten, erwies sich später, nachdem Edward Buchner 1896 gezeigt hatte, dass auch ein lebloser Extrakt von Hefezellen die Vergärung ermöglichte. Aber die Wirkung des Extraktes war auf die nur von der lebenden Zelle synthetisierten Enzyme zurückzuführen und war also keine im herkömmlichen Sinne einfache chemische Reaktion.

Doch neben dem Gelehrtenstreit darf die Hauptsache nicht vergessen werden, dass nämlich Pasteur durch seine mikroskopischen Beobachtungen festgestellt hatte, dass verschiedenartige Mikroorganismen verschiedenartige Vergärungsprozesse hervorrufen; dass durch das Abtöten unerwünschter Keime durch mildes Erhitzen (später „Pasteurisieren" genannt) verhindert werden konnte, dass der Traubensaft zu Essig vergärte statt zu Wein, dass, dank Pasteur, weltweit die Winzer vor endlosen wirtschaftlichen Krisen verschont geblieben sind.

Und dank Pasteur wurde auch die damals in Südfrankreich wichtige Seidenraupenzucht vor dem Ruin bewahrt. Denn genau so wie die Krankheiten des Weines – so hatte Pasteur erkannt – waren auch Krankheiten der Seidenraupe übertragbar und konnten verhindert werden durch sorgfältiges Aussortieren befallener Eier.

Nicht zuletzt wegen der großen wirtschaftlichen Bedeutung von Pasteurs Beobachtungen festigte sich sein Ruhm, und er wurde zum nationalen Idol. Eine Frage, die jetzt auftauchte, war die nach dem Ursprung der Hefezellen im Traubensaft. Immer noch war die jahrhundertealte Frage offen, ob Leben durch die Selbstorganisation lebloser Materie entstehen könne. Spallanzanis Versuche im 18. Jahrhundert waren der Kritik ausgesetzt, dass der freie Zugang der Luft zur Nährbrühe nicht gewährleistet war und somit ein für die spontane Generation wichtiger Faktor aus der Luft fehlte. Pasteur aber zeigte, dass in der Luft Keime schwebten; dazu hatte er Luft aus allen erdenklichen Gegenden filtriert und in jedem Filter, auch aus der Luft aus dem Hochgebirge, Keime nachgewiesen. Nun galt es zu beweisen, dass Nährbrühe steril bleibt, wenn diesen Keimen der Zugang zu ihr verwehrt wird, obwohl die Luft ungehindert mit ihr in Kontakt bleibt. Dazu stellte Pasteur Glaskolben her mit ausgezogenen langen Hälsen, „Schwanenhälse", die bewirkten, dass irgendwelche Partikel mit Keimen sich im Hals niederließen, während die Luft frei zirkulieren konnte. Nachdem die Nährbrühen in den Kolben wochenlang steril blieben, gediehen millionenfach Keime, als die Brühen in die Röhren geschwenkt wurden, in denen die Staubteilchen mit den Keimen sich niedergelassen hatten.

Pasteurs Versuche hatten natürlich nur gezeigt, dass unter den strikten Bedingungen seiner Versuchsanordnung kein Leben neu entstanden war, doch sie erlaubten keine allgemeinen Aussagen zur Frage der Entstehung des Lebens. Pasteur war sich dessen wohl bewusst. Und immer und immer wieder hatte er in wissenschaftlichen Kreisen betont, dass in der Wissenschaft alleine die nachprüfbaren Tatsachen ausschlaggebend sind, dass Vorurteile, Ideologien und Gefühle keinen Platz haben bei der Beurteilung wissenschaftlicher Hypothesen. Aber hat er dieses Lippenbekenntnis auch im öffentlichen Leben beachtet?

Pasteur war ein strenggläubiger Katholik der französischen Mittelklasse. Und diese Mittelklasse, das Bildungsbürgertum, war nach den Unruhen von 1848 verunsichert und sehnte sich nach Ruhe und Ordnung, nach Wahrung des Besitzstandes und nach einem geregelten Weltbild. Die Kirche, die nach der Französischen Revolution an Einfluss verloren hatte, war auf dem besten Wege, diesen Einfluss zurückzugewinnen, denn sie war zusammen mit der Politik des 2. Imperiums ein Garant für ein konservatives Wertesystem. Pasteur passte wunderbar in diese Situation, und er machte sie sich zunutze. Er wurde mehrmals geehrt von Louis Napoleon, und er befürwortete sein Regime, das Law and Order und Stabilität als vorrangig, revolutionäre Bürgerrechte als zweitrangig betrachtete. Und nun wurde die eigentlich rein wissenschaftliche Frage nach dem Ursprung des Lebens zu einem brennenden Politikum, gekoppelt an die intellektuellen Konflikte der Zeit – Materialismus vs. Spiritualismus. Befürworter der spontanen Generation wurden als Atheisten und

Revolutionäre gebrandmarkt, derweilen Pasteur durch die Schilderung seiner Versuche, die die spontane Generation angeblich widerlegten, Kapital zugunsten seiner politischen und religiösen Überzeugung zu schlagen versuchte.

Bezeichnend ist ein feierlicher Vortrag Pasteurs an der Sorbonne im Jahr 1864 vor einem ausgewählten Publikum, in dem er darstellte, was für Folgen die These der spontanen Generation mit sich bringen würde. Er trug vor, etwa in diesem Sinne:

Welch ein Sieg für die Materialisten, wenn gezeigt werden könnte, dass die Materie sich selber organisiert, sich selber zum Leben erweckt. Die Materie mit ihren Naturkräften! Ja, wenn wir ihr noch diese zusätzliche Kraft, das Leben, zuschreiben könnten! Was wäre natürlicher, als so eine Materie zu vergöttlichen? Die Theorie der spontanen Generation, einmal akzeptiert, führt zu dieser einfachen Schöpfungsgeschichte: Man nehme etwas Wasser mit einigen Stickstoffverbindungen, etwas Schleim oder Ähnliches und inmitten dieses Materials entstehen spontan die ersten Lebewesen; langsam verändern sie sich, steigen von Stufe zu Stufe hoch, zum Beispiel zu den Insekten in 10 000 Jahren, und zweifellos zu Affen und Menschen in 100 000 Jahren ... Wozu sollte man dann noch einen Schöpfer brauchen, einen unnützen Gott? ...

Lamarcks Vorstellungen vom Streben der Materie zu höheren Daseinsstufen wurden hier von Pasteur als materialistisch eingestuft, besonders da sie ja offenbar immer einen spontanen neuen Nachschub von niederen Formen voraussetzten. Und Pasteur verwarf natürlich auch Darwins Evolutionstheorie, da sie ja logischerweise auch die spontane Generation voraussetzte – obwohl Darwin selber immer wieder betont hatte, dass seine Theorie keine Aussagen zum Ursprung des Lebens beinhalte ...

Die Frage, ob organisches Leben durch die spontane Selbstorganisation unbelebter Materie gebildet werden kann, ist bis heute experimentell unbeantwortet geblieben, obwohl der allgemeine Konsens in der Wissenschaft diese Frage bejahend beantwortet. Die politisch-weltanschauliche Brisanz ist jedoch weitgehend – wenn auch nicht völlig – verflogen.

Pasteurs größte Erfolge aber sollten noch kommen. Von den Krankheiten des Weines auf die Krankheiten von Tier und Mensch zu schließen, war der nächste Schritt. Die Idee von infektiösen Agenzien als Ursache für ansteckende Krankheiten war nicht neu. Hatte das nicht der Arzt Hyeronimus Fracastorius im 16. Jahrhundert schon für die Pest, die Syphilis und den Typhus erkannt, und Ignaz Philipp Semmelweis um 1850 für das Kindbettfieber? Aber Pasteur konnte jetzt die vagen infektiösen Agenzien identifizieren, er konnte sie im Mikroskop beobachten.

Und vor allem konnte er Abhilfe schaffen. Seinen ersten großen Erfolg verdankte er dem Zufall (aber, in Pasteurs Worten: „Le hasard ne favorise que les esprits préparés"). Er hatte Hühner mit Kulturen des von ihm erkannten Erregers der Hühnercholera (heute bezeichnet als *Pasteurella multocida*) inokuliert, aber wider Erwarten erkrankten die Tiere nicht, da die Kultur offenbar zu alt gewesen war. Er spritzte nach mit einer frischen Kultur ... und beobachtete, dass alle Hühner starben, die zum ersten Mal gespritzt worden waren, während diejenigen überlebten, die er vorher schon mit der unwirksamen Kultur gespritzt hatte. Pasteur erinnerte sich an die Impfung mit dem Kuhpocken-Erreger durch Edward Jenner vor 100 Jahren und erkannte, dass Impfen ein allgemein gültiges Vorgehen zur Vorbeugung gegen Infektionskrankheiten sein könnte.

Der nächste Schritt war, diese Erkenntnis weiterzuverfolgen. Der Milzbrand, Anthrax, bot die Gelegenheit, seine Einsichten spektakulär unter Beweis zu stellen. Im Blut von an Milzbrand erkrankten Tieren war schon früher ein Bakterium beobachtet worden, das kultiviert werden konnte, und das, in Schafe gespritzt, die tödliche Krankheit auslösen konnte. Robert Koch hatte schon eindeutig gezeigt, dass es sich dabei um den Erreger handelte, und Pasteur beeilte sich nun, seine Idee der Impfung mit abgeschwächten Kulturen auch mit dem Milzbrand-Bazillus zu testen. In einer öffentlichen Show, mit Wetten und viel Zirkus, ließ Pasteur im Jahr 1881 24 Schafe und 5 Kühe mit seinem Impfstoff inokulieren und ebenso viele Tiere blieben unbehandelt. Nach ein paar Wochen wurde allen Tieren eine virulente Kultur des Bazillus verabreicht; alle geimpften Tiere überlebten, alle nicht geimpften starben. Pasteur triumphierte.

Als aber vor einigen Jahren die bis anhin unter Verschluss gehaltenen Protokolle Pasteurs veröffentlich wurden, stellte sich heraus: Pasteurs Impfstoff war nicht sein eigener Impfstoff gewesen, denn Pasteur hatte kein echtes Vertrauen in diesen. Vielmehr hatte er den Impfstoff eines Konkurrenten namens Toussaint verwendet, dem wenigstens ein Teil der Ehrung hätte zukommen sollen, der aber, schwer krank, sich nicht mehr melden konnte und unbeachtet in Vergessenheit geriet.

Pasteurs Sinn für Publicity kam in seinem späteren Leben nochmals zur Geltung, als er 1885 einen von einem tollwütigen Hund gebissenen Jungen, Joseph Meister, mit Extrakten von getrocknetem Rückenmark von Kaninchen, die mit Tollwut infiziert waren, behandelte und das Ausbrechen der tödlichen Symptome ausblieb. Zwar steht nicht fest, dass es der Impfstoff war, der die Krankheit verhinderte, denn in den meisten Fällen von Bissen tollwütiger Hunde wird die Tollwut nicht übertragen; und die Umstände der Impfung, die als eine improvisierte, ungetestete, heroische Handlung Aufsehen erregend beschrieben wurde, erscheinen heute weniger dramatisch, weil sich inzwischen herausgestellt hat, dass Pasteur schon einige Erfahrungen mit seinem Impfstoff besaß, die er konsequent verschwiegen hatte.

Kein Grund zu einem übertriebenen Personenkult also, aber: Pasteurs Einsicht, dass Mikroorganismen die Ursache von Infektionskrankheiten sein können, hat die ganze menschliche Gesellschaft grundlegend verändert. Die darauf basierenden medizinischen Fortschritte haben zahllosen Millionen von Menschen das Leben gerettet. Pasteur gilt zu Recht als einer der bedeutendsten Wissenschaftler der Menschheitsgeschichte.

39 Robert Koch

Robert Koch
Geboren am 11. Dezember 1843 in Clausthal-Zellerfeld (Harz). Medizinstudium in Göttingen. 1866 Assistenzarzt in Hamburg. 1870 – 1871 Feldarzt im Französisch-Preußischen Krieg. 1872 Landarzt in der Nähe von Breslau. 1880 Regierungsrat im Reichsgesundheitsamt, Berlin. 1885 Professor für Hygiene, Universität Berlin. 1891 – 1904 Direktor des Instituts für Infektionskrankheiten. 1905 Nobelpreis für Medizin oder Physiologie. Gestorben am 27. Mai 1910 in Baden-Baden.

Robert Koch war Landarzt in der Nähe des damaligen Breslau, heute Wrocław. Doch auf dem Lande wollte er nicht von der Welt abgeschnitten leben; er sehnte sich nach der Ferne und wäre lieber Schiffsarzt geworden. So versteht es sich, dass er auf dem Laufenden war, was sich in Frankreich abspielte, er wusste von Pasteurs Erfolgen. In Kochs Bezirk wütete der Milzbrand, und so empfand er es Mitte der 1870er Jahre als eine Herausforderung, sein Glück damit zu versuchen. Er spritzte Blut eines kranken Schafes in Mäuse, die prompt erkrankten und starben. Material aus diesen Mäusen spritzte er wieder in Mäuse, die wiederum erkrankten und starben. Diese Prozedur wiederholte er zwanzig Mal hintereinander, immer mit demselben Ergebnis. Im Blut infizierter Tiere konnte er mit dem Mikroskop, das ihm seine Frau zum Geburtstag geschenkt hatte, ein stabförmiges Bakterium erkennen, von dem er nach vielen Überimpfungen in Mäusen reine Kulturen anlegen konnte. Basierend auf seinen Versuchen organisierte er eine Demonstration an der Universität Breslau, die großen Eindruck hinterließ. Anschließend untersuchte er in seinem improvisierten Labor bei sich zu Hause verschiedene Arten von Sepsis (Blutvergiftung). Erst 1880 bekam er endlich eine Stelle, die es ihm erlaubte, professionell zu arbeiten; er wurde zum Regierungsrat im Reichsgesundheitsamt in Berlin ernannt.

Inzwischen war er auf eine verblüffend einfache Methode gestoßen, um reine Kulturen von Bakterien zu isolieren: die Benutzung fester Nährböden. Zuerst waren es aufgeschnittene Kartoffeln, auf die das zu untersuchende Material ausgestrichen wurde, dann auf Glasplatten gegossene Gelatine und schließlich Agar-Agar, eine aus Meeresalgen gewonnene Substanz, die sich im heißen Wasser auflöst und bei Zimmertemperatur zu einer gallertartigen Masse erhärtet. Darauf wuchsen die Nachkommen einzelner Bakterienzellen zu rundlichen, isolierten Kolonien heran. Auf dem Internationalen Ärztekongress in London 1881, als Koch diese festen Nährböden vorstellte, war dies eine Sensation und Pasteur ließ sich die einzigen anerkennenden Worte für seinen deutschen Kollegen und Konkurrenten entlocken, von denen wir Kenntnis haben: „C'est un grand progrès, Monsieur."

Nach seiner triumphalen Rückkehr vom Kongress in London begann Koch die Tuberkulose zu untersuchen. Während an den von Pasteur untersuchten Krankheiten – Milzbrand und Tollwut – höchstens ein paar Dutzend Personen erkrankten, starben an Tuberkulose jährlich über 100000 Menschen. Der Tuberkulose-Bazillus war besonders umständlich zu handhaben, er war klein (nur ein Zehntel so groß wie der Anthrax-Erreger), schwer anfärbbar, und es war schwierig, ihn auf einem festen Nährboden zu kultivieren. Glücklicherweise erwies sich das Meerschweinchen als besonders geeignet, um mit dem menschlichen Tuberkulose-Bazillus infiziert zu werden. Im Laufe seiner Untersuchungen zur Tuberkulose formulierte Koch seine später nach ihm benannten Postulate, die heute noch von Bedeutung sind. Um einwandfrei zu beweisen, dass ein bestimmter Keim der Verursacher einer bestimmten Krankheit ist, müssen folgende Bedingungen erfüllt sein: Erstens muss der verdächtige Keim in jedem Patienten vorgefunden werden. Zweitens muss dieser Keim aus dem Patienten isoliert und davon eine reine Kultur angelegt werden können. Drittens muss diese Kultur, wenn ein empfindliches, aber gesundes Versuchstier damit infiziert wird, in diesem Tier die Krankheit hervorrufen. Koch konnte so beweisen, dass auch Bakterien artspezifische, genetisch festgelegte Merkmale haben, dass also auch bei Mikroorganismen eine Art nicht einfach in eine andere Art übergehen kann, wie damals von vielen Forschern behauptet wurde.

Die Anwendung dieser Postulate wurde zur Routine. Koch selber beschrieb so im Jahr 1884 den Cholera-Erreger. Und hätten die Stadtoberen von Hamburg diese Entdeckung Kochs beherzigt, dann hätten sie nicht sechs Jahre später das Trinkwasser für die Haushalte unbehandelt direkt aus der Elbe entnommen. Dies hatte 1890 die große Cholera-Epidemie zur Folge, der innerhalb weniger Wochen etwa 10 000 Einwohner zum Opfer fielen. Koch, inzwischen Professor für Hygiene an der Universität Berlin, nahm sich der Situation an; Abhilfe wurde geschaffen, indem das Trinkwasser aus der Elbe durch Sand filtriert wurde.

Zahllose Schüler Kochs erkannten in den folgenden Jahren die Erreger vieler gefürchteter Erkrankungen, wie z. B. Diphtherie, Typhus, Pest, Starrkrampf, Lungenentzündung, Lepra usw. Und Koch selber unternahm in Laufe der Jahre viele Expeditionen, wie z. B. nach Indien, Afrika, Neu-Guinea, um dort die Erreger der verschiedensten Tropenkrankheiten zu erforschen.

Pasteurs Erfolg mit der Anthrax-Impfung verleitete Koch 1890 zur Entwicklung eines Produktes aus abgetöteten Tuberkulose-Erregern, von dem er glaubte, damit die Krankheit erfolgreich behandeln zu können. Ohne genaue Untersuchungen eingeleitet zu haben, pries Koch dieses Produkt, das Tuberkulin, als Wunderwaffe gegen die Tuberkulose. Damit erweckte er Hoffnungen in Tausenden von Patienten, die aus aller Welt angereist kamen und die bitter enttäuscht wurden, denn Kochs Tuberkulin erwies sich nicht nur als nutzlos, sondern in vielen Fällen als sehr gefährlich auf Grund von schweren Immunreaktionen.

Das Tuberkulin-Debakel durchstand Koch unbeschadet. Als er sich jedoch wegen einer Affäre mit einer jungen Künstlerin von seiner Frau trennte, brach die Hölle los. Er handelte sich einigen Ärger mit der Regierung ein, viele Freunde und Bekannte mieden ihn, und an seinem Geburtshaus wurde eine Tafel zu seinen Ehren entfernt.

Als Begründer der Bakteriologie, wie wir sie heute kennen, wurde Koch 1905 mit dem Nobelpreis geehrt (Pasteur war schon tot, als Anfang des Jahrhunderts die ersten Nobelpreise verliehen wurden – immer nur an Lebende). Was Koch und Pasteur mit allereinfachsten Mitteln erarbeitet haben, nämlich die Erkenntnis, dass Infektionskrankheiten durch Mikroorganismen erregt werden – und nicht durch Miasmen und dunkle Kräfte –, ist für die Menschheit bedeutender als alle die Fortschritte, die uns Tausende und Abertausende von Wissenschaftlern heute bescheren, mit milliardenschwerem Aufwand.

40 August Weismann

August Weismann
Geboren am 17. Januar 1834 in Frankfurt am Main. Studium der Medizin in Göttingen. 1856 Assistenzarzt in Rostock. 1861 – 1863 Leibarzt des Erzherzogs Stephan auf Schloss Schaumburg. 1863 – 1912 Professor für Zoologie, Universität Freiburg im Breisgau. Gestorben am 5. November 1914 in Freiburg im Breisgau.

Nach dem Medizinstudium in Göttingen erkannte Weismann, dass sein Interesse im Grunde der Zoologie galt. Er wurde Professor in Freiburg i. Br. Weismann mikroskopierte gerne, aber mit 40 war ein mysteriöses Augenleiden bei ihm dermaßen ausgeprägt, dass er diese Tätigkeit aufgab. So widmete er sich der Theorie. Von der Darwin'schen Idee der Evolution war er begeistert und überzeugt von deren fundamentaler Bedeutung. Aber welche grundlegenden Probleme blieben nach Darwin noch ungelöst?

Was Weismann nicht überzeugte, waren die recht schwammigen Vorstellungen Darwins zur Vererbung. Ein genaueres Verständnis dafür war zentral wichtig zur Interpretation der Mechanismen der Evolution. Eine Deutung der Vererbungsphänomene auf dem Niveau der Zelle war gefragt, nicht auf dem Niveau der vagen Populationsgenetik, wie Weismann sie bei Darwin geschildert fand. So konzentrierte sich Weismann auf die zellulären Aspekte.

Von Mendel hatte Weismann zwar nie erfahren, aber ihm war klar, dass die sexuelle Fortpflanzung, die auf der Fusion von zwei Geschlechtszellen beruhte, nicht einfach auf einer Summierung deren genetischen Materials beruhen konnte, da sonst die Erbmasse im Laufe der Generationen ins Unermessliche sich steigern würde. Also musste bei der Bildung der Gameten die Erbmasse halbiert werden. Die Meiose hat Weismann zwar nie beobachtet und von ihrer Existenz nie etwas erfahren – aber er hat sie vorausgesagt.

Weismann erkannte auch, dass nur wenige Zellen eines vielzelligen Organismus Sexualprozesse durchlaufen und nur diese Nachkommen hinterlassen können, während die restlichen spätestens mit dem Tod des Organismus zugrunde gehen. Das Dauerhafte, die Erbsubstanz, die über Generationen hinweg von Bedeutung war, lag in den Zellen der Keimbahn, wie Weismann sich ausdrückte; die restlichen Zellen bildeten das Soma, den Organismus. Dieser war aber nicht direkt an der Vererbung beteiligt, er war nur ein vorübergehendes Anhängsel der Keimbahn, das diese schützte und ernährte. Dementsprechend dachte Weismann, dass in den Somazellen, die die Gewebe und Organe bildeten, jeweils nur die Teile des Genoms übertragen würden, die nötig sind, um die Bildung und Funktion dieser Gewebe zu gewährleisten. Heute wissen wir zwar, dass dem nicht so ist, im Gegenteil: Das gesamte Genom wird an alle Körperzellen weitergegeben (mit Ausnahme der roten Blutkörperchen, die ihre Zellkerne verlieren); aber worin liegt der wesentliche Unterschied, ob in den Körperzellen die nicht gebrauchten Gene in ihrer Funktion inaktiviert werden oder ob diese ganz verloren gehen?

Wenn nun die wenigen Zellen, die sich früh in der Embryonalentwicklung vom Rest des Organismus abschotten, für die Weitergabe der erblichen Merkmale zuständig sind – wie wäre es zu verstehen, dass die Anlagen für Eigenschaften, die der Organismus im Laufe seines Lebens durch äußere Einflüsse neu erworben hat, in diese vor Umwelteinflüssen geschützten Keimzellen gelangen können?

Dies war für Weismann undenkbar, und um zu beweisen, dass erworbene Eigenschaften nicht erblich sind, züchtete er Mäuse, denen er die Schwänze abschnitt, und er beobachtete, wie ihre Nachkommen mit völlig normalen Schwänzen geboren wurden; 21 Generationen hintereinander wiederholte er das Schwanzabschneiden und in der 22. Generation kamen die Mäuse immer noch mit normalen Schwänzen zur Welt …

Dieser Versuch war zwar kein wissenschaftlich stichhaltiger Beweis für die generelle Nicht-Vererbung erworbener Eigenschaften, aber dessen bildliche Überzeugungskraft verfehlte ihre Wirkung nicht. Langsam etablierte sich der Konsens: Erworbene Eigenschaften sind nicht erblich. Doch die wahre Ursache der genetischen Variation, nämlich die spontane, ungerichtete Mutation, blieb weiterhin unerkannt.

41 Hugo de Vries

Hugo Marie de Vries
Geboren am 16. Februar 1848 in Haarlem, Niederlande. Studierte Naturwissenschaften in Leiden, Heidelberg und Würzburg. 1870 Assistent an der Universität Heidelberg. Ab 1871 Oberschullehrer in Amsterdam. 1875 Studienaufenthalt in Würzburg. 1877 Privatdozent Universität Halle/Saale. Ab 1878 Professor für Pflanzenphysiologie, Universität Amsterdam. Gestorben am 21. Mai 1935 in Luntern.

Die Nachtkerze, *Oenothera Lamarckiana*, mit ihren etwa ein Meter hohen Stängeln und stattlichen, großen gelben Blüten ist in Europa eine aus dem Südwesten der USA eingeschleppte Pionierpflanze, die sich in brachliegenden Feldern rapide massenhaft ausbreiten kann. Beeindruckt von einem solchen von Oenotheren überwucherten Feld in der Nähe von Amsterdam, betrachtete im Sommer 1886 der Botanikprofessor Hugo de Vries die Unzahl einzelner Pflanzen. Alle waren absolut gleich – mit einigen wenigen Ausnahmen, die sich von den anderen z. B. im Blütenansatz oder der Form der Blätter deutlich unterschieden. De Vries züchtete daraufhin Oenotheren in seinem Garten und machte immer wieder dieselbe Beobachtung: Unter einer Vielzahl gleich gestalteter Pflanzen tauchten seltene Varianten auf, die ihre ungewöhnlichen Eigenschaften durch Selbstbefruchtung an ihre Nachkommen weitervererbten. Diese sprunghaften, spontanen erblichen Veränderungen im Erscheinungsbild seltener Nachkommen, bezogen auf die Eigenschaften der Eltern, nannte de Vries ‚Mutationen'.

De Vries war ein begeisterter Anhänger der noch neuen Darwin'schen Evolutionstheorie und er war überzeugt, diese Theorie aufgrund seiner Beobachtungen entscheidend weiterführen zu können. Besonders das strittige Problem der Ursache der Variation glaubte er gelöst zu haben: Die Ursache war die spontane Mutation.

De Vries hatte damit recht. Allerdings unterschieden sich de Vries' *Oenothera*-Mutanten von ihren Eltern dermaßen stark, dass er der Ansicht

Oenothera Lamarckiana

war, es handle sich um neue Arten. Die Selektion minimaler Unterschiede, wie von Darwin in seiner Evolutionstheorie postuliert, glaubte de Vries widerlegt zu haben: Die Mutationen bewirkten gewaltige Veränderungen, neue Arten würden durch Mutation entstehen und erst dann würde die Selektion eingreifen. Dass die allermeisten Mutationen minimale phänotypische Veränderungen bewirken, war de Vries nicht klar.

Ihm war auch nicht klar, dass seine Mutationen gar keine Mutationen waren. Jedenfalls nicht im heutigen Sinn einer Veränderung eines einzelnen Gens. Wie sich später herausstellte, handelte es sich bei seinen *Oenothera*-Varianten um Chromosomenaberrationen, z. B. Translokationen oder Tetraploidien. Und das relativ häufige Hervorbringen solcher Aberrationen bei Oenotheren wurde erkannt als ein Teil ihrer Überlebensstrategie in ihrer klimatisch variablen, meist trockenen Heimat in Arizona.

Aber der Terminus Mutation und das Prinzip der Evolution durch Mutation und Selektion sind uns erhalten geblieben – auch wenn de Vries, Richtiges ahnend, die falschen Schlüsse am falschen Objekt gezogen hat.

Neben Tausenden von Nachtkerzen pflegte de Vries viele andere Pflanzen in seinem Garten, und er führte mit ihnen Kreuzungsversuche durch: Mais, Lichtnelken, Mohn … Gegen Ende des Jahrhunderts waren es Kreuzungen mit Dutzenden verschiedener Arten. Und darüber berichtete er zum ersten Mal auf einem internationalen Kongress über Hybridisieren: Er habe bei der Lichtnelke (*Silena alba*) Pflanzen mit behaarten Stängeln und Blättern mit unbehaarten Pflanzen gekreuzt, und in der 2. Generation (F2) seien von 153 Pflanzen 99 behaart und 54 unbehaart gewesen, also etwa ¾ behaarte, meinte er. Nun aber entspricht 99:54 eher einem Verhältnis von 2:1, er muss also mehr gewusst haben. Tatsächlich hat er verschwiegen, dass er viele Jahre vorher mit derselben Lichtnelke eine F2-Aufspaltung von 392:144 gefunden hatte. Und beim Mohn hat er zwei Varietäten miteinander gekreuzt, die eine mit einem schwarzen, herzförmigen Fleck am Ansatzpunkt der Blütenblätter (Variante Mephisto), die andere mit einem weißen Herzen. In der F1 waren alle Individuen schwarzherzig und die F2 ergab eine Aufspaltung von 158:43. Die Selbstkreuzung der weißherzigen F2 ergab nur weiße, während bei den schwarzherzigen F2-Individuen die einen nur schwarzherzige Nachkommen hervorbrachten, andere aber in schwarz- und weißherzige segregierten, und zwar im Verhältnis von 1095:358. De Vries wusste also: Es gab individuelle Erbfaktoren, die er Pangene nannte, die für die Ausprägung je eines bestimmten Merkmals verantwortlich waren – es gab also keine diffusen Erbsäfte. Er hat dieselben Beobachtungen wie Mendel gemacht, er hat dieselben Schlussfolgerungen wie Mendel gezogen; warum hat er das nicht schon längst publiziert? Wartete er darauf, die Jahrhundertwende mit einem Paukenschlag begrüßen zu können?

Anfang des Jahres 1900 war er jedenfalls so weit. Er schickte je ein Manuskript mit seinen Beobachtungen an die zwei bedeutendsten fachlichen Instanzen; das eine, „Das Spaltungsgesetz der Bastarde", an die *Berichte der Deutschen Botanischen Gesellschaft* in Berlin, das andere, „Sur la loi de disjonction des hybrides", an die *Comptes Rendues de l'Académie des Sciences* in Paris. Als die beiden Berichte fast gleichzeitig erschienen, war im *Comptes-Rendues*-Paper Mendel mit keinem Wort erwähnt, während in den *Berichten an die Deutsche Botanische Gesellschaft* die Arbeit Mendels voll gewürdigt wurde. Wie kam das? Wissenschaftshistoriker haben eruiert, dass de Vries Mendels Arbeiten schon seit Jahren gekannt haben muss und versucht hat, sie als unbedeutend zu unterschlagen. Aber kurz nachdem er seine Manuskripte weggeschickt hatte, landete ein Sonderdruck von Mendels Arbeit von 1856 auf seinem Schreibtisch, zugeschickt von einem Freund, dem Bakteriologen Willem Beijerink. Jetzt konnte de Vries nicht mehr behaupten, Mendels Versuche nicht gekannt zu haben! Für eine Schadensbegrenzung war es im *Comptes-Rendues*-Bericht zu spät, aber die Korrekturfahnen für die *Berichte der Deutschen Botanischen Gesellschaft* könnten im letzten Moment noch korrigiert worden sein – so wird vermutet aufgrund der Tatsache, dass im ganzen Band der *Berichte* 9 von insgesamt 22 Druckfehlern in den wenigen Seiten vorzufinden sind, die hätten geändert werden müssen, um Mendel darin zu erwähnen.

Doch das Fehlen einer Erwähnung Mendels im *Comptes-Rendues*-Paper erzürnte einen jungen Wissenschaftler an der Universität Tübingen, Carl Correns, dermaßen, dass er am selben Tag noch, an dem er das Papier zu lesen bekam, seine Kreuzungs-Ergebnisse mit Erbsen und Mais – er hatte dieselben Resultate wie Mendel beobachtet – zusammenschrieb und vor allem darauf hinwies, dass er Mendels Arbeiten kannte. Am nächsten Tag schickte Correns seine Aufzeichnungen an die *Berichte der Deutschen Botanischen Gesellschaft*, um so schnell wie möglich zu dokumentieren, dass, wenn schon nicht er, Correns, dann auch nicht de Vries die einfachen Vererbungsregeln als Erster entdeckt hatte. Wenn er schon die Priorität für diese Entdeckung verloren hatte, wollte er sich nicht auch noch die Priorität der Wiederentdeckung entgehen lassen.

Und das wollte auch der junge Österreicher Erich Tschermak von Seysenegg nicht. Während seiner Doktorarbeit an der Landwirtschaftlichen Versuchsanstalt in Esslingen in der Nähe von Wien hatte auch er an Erbsen ähnliche Beobachtungen wie Mendel gemacht und war dann auf Mendels Veröffentlichung gestoßen. Wenigstens als deren Wiederentdecker wollte er da nicht zurückgestellt werden, was ihm, dem unerfahrensten und jüngsten des Trios, drohte. Er setzt alle Hebel in Bewegung, um seine Dissertation, die schon im Archiv der Hochschule für Bodenkunde schlummerte, unverzüglich in Druck zu geben – und zwar sowohl in den *Berichten der Deutschen Botanischen Gesellschaft* wie vorsichtshalber auch in der *Zeitschrift für das Landwirtschaftliche Versuchswesen Österreichs*. Denn die *Berichte* waren eine elitäre Zeitschrift und es war nicht sicher, dass sein Beitrag zur Veröffentlichung akzeptiert würde; Mendel hatte sich nicht einmal getraut, sein Manuskript dorthin zu schicken.

Im Endeffekt war für Correns und Tschermak die Publicity um die Wiederentdeckung von Mendels Arbeiten ein Segen für ihre Karrieren: Obwohl beide im Laufe ihres Lebens viele interessante Forschungsergebnisse erarbeiten würden, war ihr Beitrag zur Geschichte der Genetik hauptsächlich verbunden mit der Wiederentdeckung Mendels. Zu jenem Zeitpunkt waren ihre Versuche noch nicht so weit gediehen, dass sie daraus die Mendel'schen Regeln hätten voll ableiten können, und außerdem, hätte Mendel seine Versuche nicht publiziert, wäre ihnen ja de Vries zuvorgekommen.

Für de Vries war das Aufsehen um Mendels Wiederentdeckung jedoch bitter. Ohne die Arbeiten Mendels wäre in allen Biologiebüchern von den de Vries'schen Regeln die Rede. Aber musste deswegen de Vries als einziger Wissenschaftler sich vehement weigern, 1906 an einer Erinnerungsfeier zu Ehren Mendels teilzunehmen und einen Beitrag zur Errichtung eines Mendel-Denkmals zu leisten? Musste er deswegen in all seinen späteren Schriften und Büchern den Namen Mendel nie wieder erwähnen?

Heute ist in allen Biologiebüchern zu lesen, dass im Jahre 1900 Mendels Arbeiten gleichzeitig von de Vries, Correns und Tschermak wiederentdeckt wurden.

42 William Castle

William Ernst Castle
Geboren am 25. Oktober 1867 auf einer Farm in Ohio. Ab 1892 Studium der Biologie an der Harvard University, ab 1903 dort Professor für Zoologie, ab 1936 Professor an der University of California in Berkeley. Gestorben am 3. Juli 1962 in Berkeley.

William Castle war Professor in Harvard. Durch die Wiederentdeckung von Mendels Arbeiten im Jahr 1900 ließ er sich für die Genetik begeistern. Er war zwar der, der die Taufliege *Drosophila* als ideales Forschungsobjekt entdeckte und diese auch seinem Kollegen Thomas Morgan empfahl, er selber aber widmete sich leidenschaftlich den Vererbungsvorgängen bei kleinen Säugern. Bald waren seine Ställe voll mit Mäusen, Ratten, Meerschweinchen und Kaninchen. Im Wesentlichen konnte er Mendels Regeln an vielen Merkmalen bestätigen: Albinismus war rezessiv, Scheckung ebenfalls, wuscheliges Fell bei Meerschweinchen aber dominant, so auch die Sechszehigkeit (wenn auch immer mal wieder eine Generation übersprungen werden konnte – ein analoges Phänomen beim Menschen war schon im 18. Jahrhundert von Pierre-Louis Maupertuis beschrieben worden). Trotz seiner vielen neuen Belege für Mendels Regeln hatte Castle aber seine Zweifel an grundlegenden Aussagen der Mendelisten. So zum Beispiel fragte er sich, ob ein Gen, besser ein bestimmtes Allel eines Gens, im Laufe der Generationen konstant war, oder ob es kontinuierlich leichte Variationen erleiden konnte. Dass bei Lebewesen nicht alles ständigen Schwankungen unterworfen war, konnte er nicht glauben. Und ein Allel, so behaupteten die Mendelisten, war unveränderlich, genau so unveränderlich wie die chemische Formel einer Substanz (mit Ausnahme der sehr seltenen sprunghaften Mutationen). Das war für Castle absurd und er wollte beweisen, dass er recht hatte: Sechs Jahre lang kreuzte er gescheckte Ratten; dabei kreuzte er stetig die mit mehr Schwarz als Weiß unter sich weiter, so auch die mit mehr Weiß als Schwarz. Nach 13 Generationen hatte er gescheckte Ratten gezüchtet, die fast ganz schwarz waren, nur mit ein paar Tüpfelchen Weiß am Schwanz, und auch solche, die hauptsächlich weiß waren, nur der Kopf war schwarz. Das Gen für die Scheckung ließ sich also leicht verändern, das war seine logische Schlussfolgerung. Und er konnte sich vehement aufregen über die strenggläubigen Mendelisten, z. B. der Morgan-Schule, die, um das Dogma der Unveränderlichkeit des Allels aufrechtzuerhalten, gleich zwei völlig willkürliche Hypothesen aufstellen mussten, da wo er, Castle, gar keine neuen Hypothesen brauchte. Die erste Hypothese war die Unveränderlichkeit des Allels, und um die zu stützen, wurde die für Castle absurde Zusatzhypothese aufgestellt, dass die unterschiedlichen Scheckungsmuster herbeigeführt wurden durch eine Serie anderer Gene, sogenannter modifizierender Gene, die die Ausbildung des Merkmals „gescheckt" beeinflussten, wobei das Allel für „gescheckt" selbst unverändert blieb.

Ein weiteres Problem sah Castle in der sogenannten „Reinheit der Gameten" – laut Castle auch eine Erfindung der Mendelisten, die behaupteten, dass in den Gameten die verschiedenen Allele der Gene völlig unverändert von Generation zu Generation weitergegeben werden, egal mit welchen anderen Allelen sie in den somatischen Zellen eines Individuums zusammen vorgelegen hatten. Zwar hatte Castle die Eierstöcke eines jungen schwarzen Meerschweinchens in ein weißes transplantiert und dieses dann mit einem weißen Männchen gepaart und beobachtet, wie das weiße Weibchen nur noch schwarze Junge gebar. Die Eizellen des schwarzen Meerschweinchens ließen sich also durch das Gewebe des weißen Empfängers nicht beeinflussen. Aber wie war das bei Heterozygoten, bei denen die verschiedenen Allele in der gleichen Zelle, im gleichen Kern, in unmittelbarem Kontakt zueinander verweilten? War es da nicht möglich, dass diese Allele sich gegenseitig beeinflussten? Nach der Lehre der Mendelisten war dies nicht möglich. Castle aber glaubte, unwiderlegbare Beweise zu haben, dass dies eben doch der Fall war. Kreuzte er weiße Kaninchen mit schwarzen, so war in der F2 die Mendel'sche 3:1-Aufspaltung von schwarzen und weißen Nachkommen zu beobachten; aber die weißen waren gelegentlich nicht ganz weiß, oft konnten sie zum Beispiel eine schwarze Schnauze haben. Die Allele „weiß" und „schwarz" des Gens für Fellfarbe waren offensichtlich in den Heterozygoten in der Lage, sich zu beeinflussen. Sie waren nicht zu vergleichen etwa mit einer weißen und einer schwarzen Glaskugel, die unverändert nebeneinanderliegen können, sondern eher mit einem weißen und einem schwarzen Wachskügelchen, die eng miteinander verknetet werden – versucht man auch noch so sorgfältig sie wieder zu trennen, so wird immer etwas schwarzes Wachs am weißen hängen bleiben und umgekehrt. Die Allele waren also nicht völlig unveränderlich und „rein". Und als Castle seine gescheckten, aber überwiegend weißen Ratten mit normalen schwarzen Ratten kreuzte, da konnte er in der F2 die ursprünglichen, unselektierten Scheckungsmuster wieder beobachten. Sein Schluss: Erwartungsgemäß hatte das Allel „schwarz" das Allel für „gescheckt" mit nur wenig „schwarz" kontaminiert. Nun aber kam die große Überraschung. Die Kreuzung von gescheckten Ratten mit viel schwarz mit ganz schwarzen Ratten hätte nach Castle zu gescheckten F2-Nachkommen mit fast keinem Weiß mehr führen sollen. Aber das Erstaunliche war: Auch diese F2-Individuen glichen der unselektierten, gescheckten Ausgangsrasse! Das Allel für „gescheckt" war also in beiden Fällen tatsächlich unverändert wieder aufgetaucht; der unterschiedliche Anteil an Schwarz und Weiß in den gescheckten Tieren war nicht durch Veränderung des Allels für „gescheckt" zustande gekommen, sondern wurde durch eine Anzahl von „Modifizierenden Genen" bestimmt. Warum aber sollte es eine offenbar größere Anzahl von Genen geben, deren einzige bekannte Wirkung darin bestand, das Verhältnis von weißen zu schwarzen Flächen in gescheckten Tieren zu beeinflussen, wenn die Ratten ja normalerweise, in der Natur, gar keine Scheckung vorweisen? Es dauerte lange, bis Castle schließlich begriff, dass er, der die Logik auf seiner Seite glaubte, sich den „unlogischen" Tatsachen beugen musste und die quantitative Wirkung von „Modifiers" akzeptierte. Inzwischen tobte der Erste Weltkrieg und das Problem der Scheckung bei Nagetieren trat in den Hintergrund.

Aber Castle widmete sich jetzt einem andern Zankapfel: Rassenkreuzungen beim Menschen. Der Siegeszug des Mendelismus trieb zu Anfang des 20. Jahrhunderts merkwürdige Blüten in der Humangenetik. Merkmale wie „Landstreichertum" und „moralische Verkommenheit", z. B., wurden als mendelnd beschrieben, ganz zu schweigen von Betrachtungen zur Vererbung von Intelligenz und deren Bedeutung bei Rassenkreuzungen. Ein namhafter Wissenschaftler wie Edward East (der den „Hybriden Mais" entwickelte), ein Kollege von Castle in Harvard, meinte z. B., es sei keine bloße Meinung, sondern eine erwiesene wissenschaftliche Tatsache, dass Schwarze den Weißen geistig unterlegen seien, um so das Schädliche an Rassenkreuzungen hervorzuheben. Castle aber war skeptisch und meinte, dass – selbst wenn dem so wäre – die Mischlinge aus solchen Kreuzungen ja intelligenter sein müssten als die Schwarzen, so dass die Gesamtmenge an Intelligenz in der Bevölkerung die gleiche bleiben würde. Und dann wagte er es auch, sich mit einem anderen Kollegen, Charles Davenport, anzulegen, der auf den Antillen groß angelegte Untersuchungen an Mischlingen, Nachkommen in erster und zweiter Generation von Sklavinnen und Plantagenbesitzern, durchgeführt hatte. Dabei betonte Davenport besonders die weit verbreitete Ansicht der „disharmonischen" Kombinationen von Rassemerkmalen als Argument gegen die Rassenmischung: zu große Eingeweide in einem zu kleinen Körper, zu große Zähne in einem zu kleinen Kiefer, Körper mit zu großen Beinen für zu kurze Arme … Doch Castle ließ sich nicht überzeugen, denn seine jahrelangen Erfahrungen mit seinen Kaninchen hatten gezeigt, dass es zwar viele verschiedene Gene gibt, die die allgemeine Statur beeinflussen, aber die Körpergröße als Ganzes war davon nicht betroffen – es gab keine Gene für die Größe einzelner Teile und Organe. Mit dieser Gewissheit nahm er sich die Mühe, Davenports Daten und Tabellen genauer anzuschauen, und stellte fest, dass zum Beispiel die angebliche „Behinderung" bei Mischlingen mit zu langen Beinen und zu kurzen Armen auf etwa 1 cm Unterschied im Vergleich zu den Ursprungsrassen beruhte – ein Unterschied, der funktionell nicht von Bedeutung sein konnte (und der sich später als statistisch nicht signifikant erwies).

Aber es half nichts, Castle war als der verblendete Verfechter abstruser Vorstellungen bekannt geworden – für eine Weile hatte er sich nämlich auch in der Konstruktion dreidimensionaler Chromosomenkarten verfangen, in denen die Gene wie Pfefferkörner in einer Salami verteilt waren – und Davenports Ideen zur Schädlichkeit von Rassenkreuzungen fanden ihren Weg in die Lehrbücher der Zeit. Typisch für diese Schädlichkeit galt zum Beispiel die Kreuzung von verschiedenen Geflügelrassen wie Leghorn (legten viele Eier) mit Bahamas (brüteten alle Eier, die man ihnen unterschob). Die Mischlinge waren normale Eierleger und bebrüteten nur ihre eigenen Eier (von Standpunkt des Huhns war dies aber natürlich ein Vorteil). Der angeblich wissenschaftlich begründete Rassismus wurde zur vorherrschenden Meinung für Jahrzehnte, bis nach dem Zweiten Weltkrieg.

Dem Abscheu vor den Folgen der politischen Anwendung rassistischen Gedankengutes wurde 1951 in den Deklarationen der Vereinten Nationen Ausdruck verliehen. Und ohne dass in der Zwischenzeit irgendwelche neuen wissenschaftlichen Erkenntnisse erarbeitet worden waren, änderte sich nun auch die gängige Meinung im wissenschaftlichen Establishment. Castle lebte noch, um diese Genugtuung zu erfahren. Er starb 1963 im Alter von 95 Jahren, verehrt von einer großen Zahl bedeutender Schüler, wie Sewall Wright und Leslie Dunn. Seine letzte Publikation veröffentlichte er 1962 – über die Genetik von Palomino-Pferden.

43 Herman Nilsson-Ehle

Herman Nilsson-Ehle
Geboren am 12. Februar 1873 in Skurup (Schweden). Studierte an der Universität Lund. Forschte am Pflanzenzüchtungs-Institut in Svalöv bei Lund. Züchtete u. a. wertvolle triploide Apfelsorten. Starb am 29. Dezember 1949 in Lund.

Die Vererbung, über Generationen hinweg, von quantitativ und qualitativ scharf definierten Merkmalen (wie z. B. Hornlosigkeit beim Rind oder Pelorismus beim Löwenmäulchen) war schon Darwin bekannt. Der aber glaubte, diese Art von Vererbung sei nur auf Anomalien und Monstrositäten beschränkt, während die Vererbung „normaler" Merkmale wie Statur oder Hautfarbe auf einem Mechanismus beruhte, der mit dem Mischen von Erbsäften verglichen werden konnte, d. h. nicht durch die Wirkung von einzelnen Genen zu erklären war. Dieser Meinung waren auch die Experten in Viehzucht und Landwirtschaft. Denn alle für sie wichtigen Merkmale – z. B. Milchproduktion, Fett- und Fleischansatz, Frohwüchsigkeit, Futterdankbarkeit, Legefreudigkeit von Hennen, Ertrag pro Hektar beim Weizen – zeigten ein Vererbungsmuster mit kontinuierlichen quantitativen Variationen, nirgendwo war die Wirkung einzelner Gene auszumachen. Ein erbitterter Streit – der zum Teil bis heute anhält – zwischen Mendelisten und Züchtern war vorprogrammiert.

Herman Nilsson-Ehle, der im schwedischen Svalöv forschte, war so ein Züchter. Um das Jahr 1909 hatte er zwei Weizensorten miteinander gekreuzt, die eine mit rotbraunen Ähren, die andere mit blassen, fast farblosen. Die F1 zeigte Ähren mit intermediärer Pigmentierung, aber in der F2 fanden sich alle Farbnuancen: ganz rotbraun wie das eine Großelternteil, dann heller, heller, noch heller, bis völlig blass wie das andere Großelternteil. Kontinuierliche Variation also, keine Spur Mendel'scher Regeln. Nilsson-Ehle war ein genauer Beobachter: Ihm fiel auf, dass der Anteil völlig blasser F2-Ähren etwa $1/16$ der Gesamtnachkommen entsprach. Eins zu sechzehn, das war doch dasselbe Verhältnis wie das der doppelt rezessiven Nachkommen aus einer Mendel'schen Zwei-Faktoren-Kreuzung, die ja das Aufspaltungs-Verhältnis von 9:3:3:1 ergab. Waren auch beim Weizen zwei Gene für die Pigmentierung der Ähren verantwortlich? Diese Hypothese bestätigte sich durch weitere Kreuzungen: Es sind zwei Gene, jedes mit einem „Plus"-Allel (Pigment-Produktion) und einem „Minus"-Allel (regt keine Pigment-Produktion an). Beide Gene sind gleichwertig im Hinblick auf ihren Phänotyp und ihre Wirkung ist additiv. Eine Pflanze mit vier „Plus"-Allelen bildet Ähren, die dunkler sind als solche mit drei, diese wiederum sind dunkler als solche mit zwei … Die oberflächlich gesehen kontinuierliche Variation in der Pigmentierung ließ sich in ein Muster mit vier Pigmentierungsintensitäten einordnen, mit einem Verhältnis von 1:4:6:4:1, entsprechend der Anwesenheit von 4, 3, 2, 1 oder 0 „Plus"-Allelen.

Nilsson-Ehle fand seine Interpretation Mendel'scher Vererbung bei additiver Genwirkung auch bestätigt bei Weizensorten mit 3 Genen für die Pigmentierung der Ähren; bei einer Kreuzung von Pflanzen mit 6 „Plus"-Allelen mit solchen mit 6 „Minus"-Allelen ergab sich ein Anteil von etwa $1/64$ völlig blasser F2-Nachkommen.

Wie viele Gene die Hautpigmentierung der Menschen bestimmen ist unbekannt. Aber die Nachkommen der Sklavinnen mit den weißen Plantagenbesitzern auf den Antillen, die Charles Davenport untersucht hatte, segregierten in der F2 nach einem Muster, das am besten zur einfachen Annahme passte, es seien fünf gleichartige Gene, mit je einem „Plus"- und einem „Minus"-Allel, die die Hautfarbe beeinflussen. In diesem Falle wäre theoretisch ein F2-Aufspaltungs-Verhältnis von 1:10:45:120:210:252:210:120:45:10:1 zu erwarten, d. h., nur etwa jeder tausendste F2-Enkel wäre so schwarz bzw. so weiß wie einer seiner Großeltern. Und das ist einer der denkbar einfachsten Fälle. Die Schwanzlänge des Schafes – das zeigen Varianz-Analysen bei Kreuzungen zwischen Schafen mit kurzen oder langen Schwänzen – wird nicht von zwei oder fünf, sondern von Hunderten von Genen bestimmt. So auch die Milchproduktion bei der Kuh, das Fett-zu-

Fleisch-Verhältnis beim Schwein etc. Besonders problematisch wird es bei der Beurteilung des genetischen Hintergrundes der Intelligenz des Menschen. Während bei der Milchproduktion sich die Menge, Fettgehalt und Proteingehalt genau messen lassen, weiß man bei der Intelligenz nicht einmal, was man eigentlich messen soll. Und bei allen quantitativen Merkmalen kommt der Einfluss der Umwelt besonders zum Tragen, so dass bei deren Ausprägung die genetisch bedingte Komponente (neben den Umwelteinflüssen) nur bis zu einem gewissen Punkt von Bedeutung ist. Diese relative Bedeutung der Gene im Vergleich zu der der Umwelteinflüsse wird als Heritabilität eines Merkmals bezeichnet; diese kann die Werte von null bis eins (100 %) annehmen – und es ist nicht einfach, diese zu messen. Daraus ist ersichtlich, wie komplex sich die Genetik quantitativer Merkmale gestaltet und wie leicht sie polemischen Argumenten ausgesetzt ist.

44 Alfred Sturtevant

Alfred Henry Sturtevant
Geboren am 21. November 1891 in Jacksonville (Illinois, USA). 1908 Studium der Naturwissenschaften an der Columbia University, New York. Ab 1910 Mitarbeiter im Labor von Thomas Morgan an der Columbia University. 1914 Promotion, dann Assistent von Morgan an der Columbia University. 1928 folgt er Morgan an das California Institute of Technology (Caltech) in Pasadena. Professor für Genetik am Caltech. Gestorben am 5. April 1970 in Pasadena.

Ist die Distanz zwischen A und B und die zwischen B und C gegeben, so muss die Distanz zwischen A und C gleich sein der Distanz zwischen A und B plus der Distanz zwischen B und C, oder gleich der Distanz zwischen A und B minus der Distanz zwischen B und C – vorausgesetzt, A, B und C liegen auf einer Geraden entweder in der Reihenfolge A–B–C, A–C–B oder C–B–A. Diese Einsicht soll Alfred Sturtevant in einer schlaflosen Nacht plötzlich gekommen sein. Ein epochaler Durchbruch! Er und seine Kollegen Calvin Bridges, Hermann Muller und L.V. Morgan (die Frau des Chefs) hatten um das Jahr 1910 schon einige Jahre Kreuzungsversuche mit der Taufliege *Drosophila melanogaster* durchgeführt an der Columbia University in New York. Viel mehr als Hunderte von Milchflaschen voller Fliegen, die sich im Bananenbrei vermehrten, und ein Mikroskop waren in diesem Labor – dem „Fly room" – nicht zu sehen. Man hatte *Drosophila*-Mutanten gefunden. Und diese hatte man untereinander gekreuzt und festgestellt, dass in der F2 die betreffenden Merkmale zwar segregierten – aber nicht frei, unabhängig voneinander, wie das bei Mendels Erbsen und vielen anderen Beispielen der Fall war. Wie war das zu erklären?

Der Verdacht, dass die abstrakten Gene einen konkreten Aufenthaltsort besaßen, war nicht neu. Als Student hatte William Sutton an der Columbia-Universität schon 1905 beobachtet, wie bei der Gametenbildung sich die Chromosomenzahl halbierte – genau das, was mit Mendels Erbfaktoren geschehen musste –, so dass die Annahme berechtigt war, dass diese Erbfaktoren auf den Chromosomen lagen. Nun aber musste es viel mehr Gene als Chromosomen geben, so dass eines von diesen wohl eine ganze Serie von Genen enthalten müsste. Dann aber dürften zwei Gene, die auf demselben Chromosom sitzen, überhaupt nicht segregieren, sondern streng aneinandergekoppelt weitervererbt werden. Sollten diese Gene aber auf verschiedenen Chromosomen lokalisiert sein, so müssten sie völlig frei segregieren, wie bei Mendel. Doch die kleine Gruppe um Morgan hatte beobachtet, dass z. B. die Merkmale „weiße Augen" und „verkümmerte Flügel" zwar segregierten, aber nicht frei, sondern dass die Kombination der Merkmale bei den Vorfahren auch bei den Nachkommen deutlich bevorzugt wurde: Die Merkmale waren gekoppelt, wenn auch nicht vollständig. Die Trennungshäufigkeiten der Allelkombinationen der Eltern war von Fall zu Fall verschieden, aber bei einer gegebenen Kombination immer konstant: Anstelle der 50 % Rekombinanten und 50 % Parentaltypen in den Gameten der Eltern, wie bei freier Segregation zu erwarten, fanden sich z. B. mal 15 %, mal 20 %, mal 35 % Rekombinanten. Sturtevants Idee führte zur Aufstellung von Chromosomen-Karten durch die einfache lineare Anordnung von Rekombinantenzahlen. Im Laufe der Zeit ließ sich eine widerspruchslose Karte aufstellen, in der die Rekombinanten-Häufigkeit von Dutzenden und dann von Hunderten von Genen auf sogenannte Koppelungsgruppen in linearer Reihenfolge angeordnet war. Mit vielen anderen Indizien, die sich ansammelten, hegte schließlich niemand mehr den geringsten Zweifel daran, dass die vier Koppelungsgruppen bei *Drosophila* den vier Chromosomen in den Keimzellen dieser Tiere entsprechen und dass die betreffenden Gene alle auf einer linearen Struktur des jeweiligen Chromosoms verankert sind: Zwei homologe elterliche Chromosomen konnten offensichtlich bei der Paarung während der Gametenbildung (Meiose) Stücke austauschen (*crossover*), und der entsprechende Austausch von Genen war natürlich umso häufiger, je weiter weg voneinander diese Gene auf dem Chromosom lagen.

Die Chromosomen-Theorie der Vererbung war geboren, wofür der Chef, Thomas H. Morgan, 1933 den Nobelpreis erhielt.

45 Thomas Hunt Morgan

Thomas Hunt Morgan
Geboren am 25. September 1866 in Lexington (Kentucky, USA). 1886 Studium der Naturwissenschaften, speziell Zoologie, an der Johns Hopkins University in Baltimore. Ab 1904 Professor für experimentelle Zoologie, Columbia University, New York. Ab 1928 Professor für Zoologie, University of California, zugleich Forscher am California Institute of Technology (Caltech) in Pasadena, wo er bis zu seinem Tode wirkte. 1933 Nobelpreis. Gestorben am 4. Dezember 1945 in Pasadena.

Es ist schwierig, die Verdienste der einzelnen Mitglieder der Morgan-Gruppe auszumachen, da ein alltäglicher, offener Gedankenaustausch zu einer kooperativen Team-Leistung führte. Besonders der Chef der Gruppe ist sehr unterschiedlich eingeschätzt worden. Einerseits hielt er die Gruppe zusammen und sorgte für ein kollegiales Klima, andererseits aber hat er nur spärlich mit eigenen Gedanken zum Erfolg der Chromosomen-Theorie, zur Gestaltung der klassischen Genetik, beigetragen. Er war ursprünglich an eigenartigen Theorien zur Evolution und zur Embryonalentwicklung interessiert und ließ sich erst durch den Erfolg seiner genetisch forschenden Mitarbeiter zum „Morganismus" – wie wir ihn heute kennen – bekehren. Dann aber wurde er zu einem begeisterten PR-Experten seines Labors, war immer wieder auf Vortragsreisen unterwegs, schrieb viele Artikel und wurde, stellvertretend für seine zäh und fleißig im Labor arbeitenden Kollegen und Schüler, bekannt und berühmt.

46 Hermann Muller

Hermann Joseph Muller
Geboren am 21. Dezember 1890 in New York. Studium der Biologie an der New York University. 1912 – 1916 Assistant bei Morgan, Columbia University, New York. Ab 1916 University of Texas, Austin. 1932 – 1937 Mitarbeiter am Institut für Genetik der Akademie der Wissenschaften in Leningrad (heute St. Petersburg) und an der Universität Moskau. 1937 Professor an der Universität Edinburgh. 1940 Amherst College (Mass., USA). 1945 – 1953 Professor für Genetik, Indiana University, Bloomington. 1946 Nobelpreis. Gestorben am 5. April 1967 in Indianapolis (Indiana, USA).

Ein mit der Morgan-Gruppe intellektuell eher lose verbundener Mitarbeiter an der Columbia University war Hermann Joseph Muller. Auch er erhielt den Nobelpreis, im Jahr 1946, für seinen 1927 erbrachten Nachweis, dass durch Röntgenbestrahlung Mutationen bei *Drosophila* ausgelöst werden können. Damit wurde deutlich, dass das bis anhin völlig abstrakte Gen offensichtlich materieller Natur war, und die Suche nach den chemischen Grundlagen der genetischen Information konnte beginnen. Muller war eine Weile überzeugter Kommunist und emigrierte 1932 nach Russland, wo er in Moskau zum Mitglied der Sowjetakademie der Wissenschaften ernannt wurde. Nach Trofim Lyssenkos Machtergreifung über die Sowjet-Genetik zog er empört nach England und dann wieder zurück nach Amerika, wo er sich der Eugenik widmete. Sein Hauptanliegen war die „positive" Eugenik, also nicht die Vermeidung von Erbkrankheiten, sondern die Förderung des Nachwuchses besonders „wertvoller" Menschen. Er prägte den Fachausdruck „Eutelegenese" – „gute Zeugung aus der Ferne" – und meinte damit seinen Vorschlag, dass Frauen sich in Zukunft nicht auf biologischem Wege von ihren Männern schwängern lassen, sondern sich einer künstlichen Besamung durch das Sperma berühmter Männer unterziehen sollten. („Welche Frau möchte nicht lieber ein Kind eines Genies gebären, als das eines gewöhnlichen Sterblichen?", fragte Muller rhetorisch.) Zu diesem Zweck würden Spermienbänke geeigneter Luminarien aus Wissenschaft, Kunst, Sport und Politik angelegt. Es gab auch einen Katalog von Spendern. Ob Muller darin aufgelistet war, ist zurzeit nicht zu eruieren, aber etliche Namen einer ersten Fassung, wie die von Lenin und Mao, wurden in einer zweiten Fassung seines Katalogs gestrichen.

47 Trofim Lyssenko

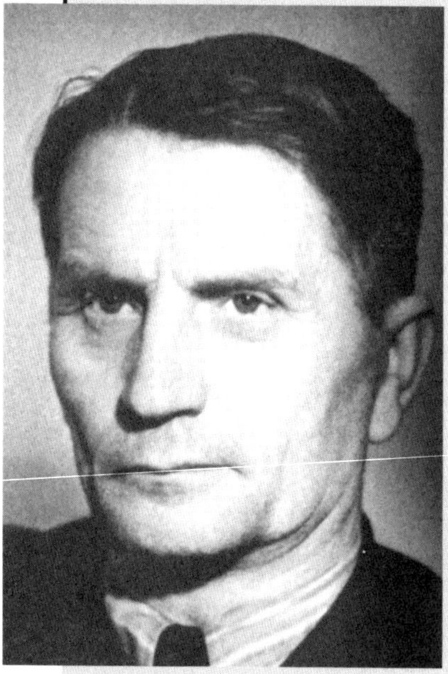

Trofim Denisovic Lyssenko
Geboren am 20. September 1898 in Karlowka bei Poltawa (Ukraine). Ab 1921 Mitarbeiter in der Landwirtschaftlichen Versuchsstation in Belozersk und Studium am Landwirtschaftlichen Institut in Kiew. 1925 – 1929 Mitarbeit in der Selektionsstation in Gandže (Aserbaidschan). 1925 – 1938 Direktor des Instituts für Genetik und Zuchtverfahren in Odessa. 1938 – 1956 Präsident der Akademie der Landwirtschaft der UdSSR. 1940 – 1965 Direktor des Instituts für Genetik der Akademie der Wissenschaften der UdSSR. Starb am 20. November 1976 in Moskau.

„Und ein Klassenfeind ist immer ein Klassenfeind, wo er auch immer steckt, ob auf der Kolchose oder an der Universität. Wir müssen wachsam sein und die mendelistisch-morganistisch-imperialistischen Reaktionäre von den Universitäten verbannen …"

Trofim Lyssenkos Rede vor dem Sowjet-Kongress der Kollektivbauern im Jahre 1935 gefiel Stalin so gut, dass er ausrief: „Bravo, Genosse Lyssenko! Bravo!" Alle verstanden. Lyssenko wurde daraufhin Direktor des Instituts für Genetik und Pflanzenzüchtung der Ukraine in Odessa und von dieser Position aus und mit der „Bravo, Lyssenko! Bravo!"-Rückendeckung begann für ihn der Aufstieg zum Ruhm.

Bisher war der in wissenschaftlichen Kreisen völlig unbekannte Agronom hauptsächlich durch ideologisch einwandfreie Ansichten zum Anbau von Getreide aufgefallen. Mit seiner Methode der „Jarowisierung" von Saatgut, die darin bestand, Wintergetreide nach Kälteschock auch im Sommer anzupflanzen, wollte er die Vererbung erworbener Eigenschaften beweisen. (Genauso wie mit der „Umerziehung" von Winterweizen in Sommerweizen würde auch durch ideologische Umerziehung der neue, sozial handelnde Sowjetmensch geformt werden.)

Seine „Jarowisierungs"-Methode war jedoch viel zu umständlich und in der Praxis nutzlos; sie wurde deshalb von vielen Seiten kritisiert. Lyssenko verstand es, diese Debatte zu politisieren, und die Gegner der „Jarowisierung" wurden immer häufiger als die Feinde von Neuerungen und Gegner des Fortschritts dargestellt. Lyssenkos Ideen zur Vererbung erworbener Eigenschaften wurden vor allem von universitär etablierten Genetikern bekämpft und in der Mitgliederversammlung der Lenin-Akademie der Landwirtschaftlichen Wissenschaften kam es 1936 zu einer scharfen Auseinandersetzung der Vertreter herkömmlicher Genetik mit den ideologisch korrekten Anhängern der Idee der Vererbung erworbener Eigenschaften. Lyssenko hielt wiederum eine Rede, in der er zwar seine ganze fachliche Ignoranz offenbarte, aber mit der es ihm trotzdem gelang, seine Ansichten als die offizielle Partei-Linie bestätigen zu lassen: Die Grundlage für die Vererbungsvorgänge ist die Zelle als Ganzes. Die verschiedenen Zellorganellen haben ihre eigenen Funktionen, aber es gibt keine Struktur innerhalb der Zelle, die für die Vererbung mehr oder weniger bedeutend ist als eine andere. Einzelne Gene, die womöglich noch auf Chromosomen lokalisiert sein sollen, gibt es nicht. Lyssenko griff zur Bestätigung seiner Ideen auf russische Autoritäten, hauptsächlich die des Obstzüchters Iwan Mitschurin zurück, der den Mendel'schen Prinzipien mit Skepsis begegnete, weil er diese bei der Veredelung von Obstbäumen nicht anwenden konnte. So wurde – im Gegensatz zum „reaktionären Mendelismus-Weismannismus-Morganismus" – der revolutionäre „Mitschurinismus" geboren und zur marxistisch-leninistischen Staatsdoktrin erklärt.

Die hauptsächlichen Widersacher Lyssenkos waren Nikolaj Vavilov und seine Schule. Vavilov war Pflanzenpathologe und Direktor des Institutes für Genetik der Akademie der Wissenschaften. Sein Interesse galt der Evolution der Pflanzen und der Akklimatisierung von Kulturpflanzen aus aller Welt in der Sowjetunion, deren Kreuzung mit einheimischen Rassen, der Entwicklung resistenter Varietäten und der Steigerung der Erträge. Er hatte über 200 Expeditionen in Dutzende von Ländern organisiert, Zehntausende von Pflanzenvarietäten untersucht und eine Sammlung aller wichtigen Kulturpflanzen der Welt angelegt. Er entdeckte so die geographischen Zentren der Variabilität von Kulturpflanzen und der

Parallelität der Variation in verwandten Arten und Gattungen. Das Ansehen Vavilovs war auch im Westen enorm, und so wurde er vom Internationalen Organisationskomitee zum Präsidenten des 7. Internationalen Genetiker-Kongresses gewählt, der 1937 in Moskau stattfinden sollte. Die klassischen Genetiker erhofften von diesem Kongress, zu dem Hunderte von Wissenschaftlern aus aller Welt erwartet wurden, eine Entscheidung der Debatte über die Vererbung erworbener Eigenschaften zu ihren Gunsten. Doch im Frühjahr 1937 hielt Stalin seine berüchtigte Rede vor dem Zentralkomitee über die Mängel in der Partei und die Notwendigkeit, die Trotzkisten und andere Verräter zu liquidieren. Lyssenko hat diese Rede in einer von ihm gegründeten Zeitschrift wiedergegeben und kommentiert. In diesem Kommentar verglich Lyssenko die sogenannte trotzkistisch-bukhaninistische Verschwörung, von der Stalin sprach, mit der Opposition, die seine Ansichten fanden. Die wissenschaftliche Debatte artete aus in reinste Polemik. Der „Weismannismus" wurde als „idealistisch" gebrandmarkt, weil nach Weismann die Keimbahn nicht durch Umwelteinflüsse verändert werden kann; aber da Materie immer auf Materie einwirken kann, waren Weismanns Vorstellungen zur Vererbung nicht materialistisch und daher ideologisch nicht akzeptabel. Der Kongress in Moskau wurde kurzfristig abgesagt und nach Edinburgh verlegt, aber Vavilovs Präsidentschaft beibehalten. Vavilov, der versucht hatte, die Wissenschaftlichkeit in die Debatte zurückzubringen, bekam jetzt die Hetzkampagne gegen die klassischen Genetiker am meisten zu spüren. Er wurde das prominenteste Opfer der Hexenjagd nach „Volksfeinden, reaktionären idealistischen Weismannisten und ihren mendelistisch-morganistischen Söldnern und Knechten, Verrätern des russischen Volkes und der Revolution ...".

Vavilov wurde schließlich 1940 – zugleich mit vielen anderen – von der NKWD, der Geheimpolizei, verhaftet. Es folgten Schauprozesse nach dem typischen Muster des Stalin'schen Terrors. Vavilov wurde schuldig gesprochen in allen Punkten der Anklage, wie z. B. der reaktionären Verschwörung, der Spionage für England (wegen seiner geplanten Reise zum Kongress in Edinburgh), der Sabotage der Landwirtschaft (wegen Kritik an der „Jarowisierung"). Daraufhin wurde er zum Tode verurteilt. Nach einigen Monaten in der Todeszelle in völliger Dunkelheit wurde seine Strafe zu zehn Jahren Gefängnis umgewandelt (offenbar durch die Fürsprache der Frau von Beria, dem Chef der NKWD, die Schülerin eines Freundes von Vavilov war). Doch das nützte ihm nicht viel, er ist zwei

Jahre später im Kerker verendet, verhungert, wie berichtet wird. So erging es auch vielen anderen Genetikern, deren Verbrechen z. B. darin bestand, mit *Drosophila* gearbeitet zu haben – wie vielen anderen überhaupt.

Doch inzwischen war der Krieg zwischen Russland und Deutschland ausgebrochen, und man hatte Wichtigeres zu tun als die Verfolgung der Genetiker fortzusetzen. Erst als die allerschlimmsten Kriegsfolgen überwunden waren, konnte das Versäumte nachgeholt werden.

Ein entscheidender Wendepunkt in der Entwicklung der sowjetischen Genetik der Nachkriegszeit war die Tagung der Lenin-Akademie der Landwirtschaftlichen Wissenschaften der UdSSR im Jahre 1948. Lyssenko hielt ein Einführungsreferat über die Lage der biologischen Wissenschaften. Er erntete stürmischen Beifall – denn er hatte darauf hingewiesen, dass sein Text vorher vom Politbüro und auch von Stalin persönlich abgesegnet worden war. Es war allen klar: Lyssenko war immer noch Stalins Liebling … Die Idee von der Vererbung erworbener Eigenschaften entsprach weiterhin der Partei-Linie, denn sie bildete die Grundlage für die Ansicht, dass die Entstehung des erblich gefestigten Sowjetmenschen durch die marxistisch-leninistische Erziehung erreicht werden konnte.

Mit großem propagandistischem Aufwand wurde daraufhin die Lehre Mitschurins gepriesen und die große Niederlage des „weismannistisch-mendelistisch-morganistischen Idealismus" beschrieben. Lyssenko war auf dem Höhepunkt seines Ruhmes. Der Lyssenko-Kult begann sich zu entwickeln. Lehrbücher und Lexika wurden revidiert und nach Überbleibseln der mendelistischen Irrlehre durchsucht. Neben dem landwirtschaftlichen schalteten sich auch andere Ministerien ein; Befehle wurden erteilt, wonach die Anatomie, Physiologie, Mikrobiologie, Gerichtsmedizin, Psychiatrie usw. mitschurinistisch auszurichten seien. Da aber kaum jemand in der Lage war, den Namen Lyssenkos in all diese Disziplinen einzubauen, ergab sich als praktische Folge die Streichung jeglicher Referenz zur Genetik aus diesen Fächern. In der Medizin wurde die Existenz von menschlichen Erbkrankheiten geleugnet und lächerlich gemacht und ihre bloße Erwähnung als mendelistisch-morganistisch, rassistisch und nazistisch angeprangert. Mehr als 20 Studienjahrgänge von Ärzten erfuhren während ihrer Ausbildung kein Wort über Genetik. (Dabei muss allerdings erwähnt werden, dass die damals oft rassistisch geprägte Genetik des Westens, und vor allem die Vorstellungen der Nazis, zu dieser Entwicklung beigetragen haben!) Genetik-Literatur wurde aus allen Bibliotheken entfernt. Alle noch existierenden *Drosophila*-Kulturen des Landes mussten nach genauen Anweisungen mit kochendem Wasser abgetötet und ihre Vernichtung protokolliert werden.

Eine Serie von Entlassungen folgte. Die neuen Anhänger Lyssenkos, sei es aus Überzeugung, meistens aber aus Opportunismus, stürzten sich auf die frei gewordenen Stellen und stritten sich um diese, indem jeder zeigen wollte, dass er mitschurinistischer sei als der Konkurrent. In dieser hysterischen Atmosphäre waren bald alle mitschurinistischer als Mitschurin selber, der nämlich in seinen späteren Schriften die Existenz individueller Gene durchaus für möglich hielt. Auch der Lyssenko-Kult nahm immer fabelhaftere Formen an: An den Wänden aller Laboratorien hingen Lyssenko-Portraits, kleine Lyssenko-Büsten zierten alle Schreibtische, Lyssenko-Denkmäler wurden aufgestellt.

Lyssenko wurde neben vielen anderen Posten, die er inzwischen gesammelt hatte, zum Professor der Genetik ernannt. Und so kam es zur großen Inaugural-Vorlesung an der Universität in Moskau. Es war das erste Mal, dass er vor Studenten stand; aber nicht nur Studenten waren erschienen: Die ganze Prominenz der Ministerien und der Akademien, nebst einer Musikkapelle waren anwesend. Und nun bekamen alle zu hören, dass z. B. ein Pferd nur dann ein Pferd sei, wenn es mit der Umwelt in Wechselwirkung trete, dass, wenn man Vögel mit haarigen Raupen fütte-re, aus ihren Eiern Kuckucks schlüpften, dass neue Zellen nicht aus den alten, sondern neben diesen völlig neu entstünden ... Es war eine unsägliche Ansammlung von Unsinn, die Lyssenko zum Besten gab – aber niemand wagte es, eine Stimme des Protestes zu erheben.

Im Gegenteil! Lyssenko war jetzt der Papst der sowjetischen Genetik, und er konnte ohne Widerspruch seine Doktrin entfalten und neue Dogmen dekretieren. So behauptete er z. B., sollte eine Änderung der Umwelt zu extrem sein, um von den Pflanzen einer Art ertragen zu werden, bleibe ihnen nichts anderes übrig, als sich in eine andere Art umzuwandeln. Diese absurde Idee zur Entstehung der Arten führte zu einer Flut von wissenschaftlichen Publikationen, in denen diese Ansicht angeblich experimentell belegt wurde. So wurden z. B. die Umwandlungen von Weizen in Gerste, von Tannen in Föhren, von Kohl in Raps und vieles mehr beschrieben.

Lyssenko leugnete auch die Existenz von intraspezifischer Kompetition. Zwar war es eine nicht zu leugnende Beobachtung, dass viele Keimlinge eingehen, wenn zu eng gesät wird. Aber die Deutung, dass die kräftigeren Keimlinge die schwächeren überwuchern und verdrängen, war eine verwerfliche, kapitalistische Deutung. In Wirklichkeit, meinte Lyssenko, sei es so, dass das Kollektiv der Keimlinge feststelle, dass sie zu viele seien und dass sich dann viele altruistisch handelnde Keimlinge freiwillig zum Wohle der Gesamtheit opferten.

Fatal war, dass Lyssenkos Ideen kritiklos in der Landwirtschaft Anwendung fanden. Zuckerrüben wurden in der Steppe angepflanzt, Weizen in Sibirien, es wurde nicht mehr gepflügt, dann aber wieder mit metertiefen Furchen, Varietäten wurden miteinander gekreuzt, was zum Verlust der Vorteile beider Elterntypen führte, und die Serie der Misserfolge nahm kein Ende.

Nach vier Jahren absoluter Herrschaft kam 1952 eine erste schüchterne Kritik in einer botanischen Zeitschrift. Ein angeblicher Anhänger Lyssenkos warf ihm vor, er habe sich vom eigentlichen Mitschurinismus abgewandt, als er die Theorie der sprunghaften Verwandlung einer Art in eine andere lancierte. Dann wagte es jemand, die ideologisch korrekte Leugnung der intraspezifischen Kompetition anzugreifen. Plötzlich wurde das *Botanische Journal* mit Dutzenden ähnlicher Artikel überschwemmt. Die lange unterdrückte Gedankenfreiheit explodierte auf einmal in einer Fülle der Kritik, oft mit brillantem polemischem Talent. Die ganze Geschichte war einfach zu absurd geworden. Ein Jahr später starb Stalin. Nun konnte man es wagen, Unterschriften zu sammeln. Und prompt wurde in einer Petition mit über 300 Unterschriften die Absetzung Lyssenkos als Präsident der Lenin-Akademie der Landwirtschaftlichen Wissenschaften beantragt. Das Ansehen der Lyssenko-Anhänger begann rapide zu schwinden. Die Diskussionen im *Botanischen Journal* wurden immer tabuloser. 1958 fühlte sich Lyssenko so in die Enge getrieben, dass es nur noch einen Ausweg gab: Er erklärte dem Zentralkomitee der Kommunistischen Partei, dass alle Kritik an ihm auf die Intrige westlicher Kapitalisten zurückzuführen sei. Das zeigte Erfolg. Die Redakteure des *Botanischen Journals* wurden ihrer Posten enthoben und die naturwissenschaftlichen Gesellschaften angewiesen, sämtliche Kritik an Lyssenko zu unterbinden. Verglichen mit früher waren die Folgen dieser neuen Repression aber nicht allzu krass. Die öffentliche Kritik an Lyssenko versiegte, aber die Experimente in den Labors wurden dadurch nicht beeinflusst, und vor allem ging es für niemanden mehr wie einstmals um Kopf und Kragen.

Die Entdeckung der Doppelhelix-Struktur der DNA, die Anfänge der Entschlüsselung des genetischen Codes und die Untersuchungen zum Mechanismus der Proteinsynthese haben die Sowjetgenetiker tief beeindruckt, doch Lyssenko war noch mächtig genug, um jedes Wort über Molekulargenetik in genetischen Zeitschriften zu verhindern. DNA wurde von Lyssenko als irrelevant erklärt und durfte im Zusammenhang mit Genetik nicht mehr erwähnt werden. Artikel und Kommentare zu Code und Protein-Synthese mussten getarnt in chemischen, physikalischen und mathematischen Zeitschriften erscheinen. Die Rückständigkeit der Biologie in Russland lag so unübersehbar auf der Hand, dass von anderen Akademien, der Chemie, der Physik, zunehmend Druck auf die Biologie ausgeübt wurde. Das Präsidium der Sowjetischen Akademie der Wissenschaften berief im Mai 1962 eine Sitzung ein, in der die Zukunft der Molekularbiologie diskutiert wurde. Neue Institute sollten errichtet, die bereits existierenden hinsichtlich ihrer Ziele und Arbeitsmethoden überprüft werden. So kam es, dass nach mehr als 20 Jahren auch Lyssenkos Institut von unabhängigen Wissenschaftlern, nicht nur aus der Biologie, sondern auch aus der Physik, Chemie und Medizin begutachtet wurde. Es wurde beschlossen, ein Misstrauensvotum gegen Lyssenko auszusprechen. Doch am Abend bevor der Kommissionsbericht dem Präsidium der Akademie der Wissenschaften vorgelegt werden sollte, wurde die Kommission durch das Zentralkomitee der Kommunistischen Partei aufgelöst und alle Unterlagen beschlagnahmt. Der Grund dafür lag auf der Hand: Am Tag zuvor hatte Chruschtschow Lyssenkos Institut besucht und in der Zeitung war ein Leitartikel erschienen, in dem er Lyssenkos Arbeit und die Mitschurin-Biologie unterstützte. Und so vergingen nochmals einige Jahre, in denen Lyssenko versuchte, seine Stellung zu halten. Wieder keimte Kritik auf, nochmals musste Chruschtschow persönlich eingreifen. Auch das Zentralkomitee der Kommunistischen Partei versuchte, die Disziplin zu straffen. Nochmals wies Lyssenko auf die schwere Gefahr für die Sowjetwissenschaft hin, die durch das Einsickern des Gedankengutes der Chromosomen-Theorie und die Verleumdungs-Kampagne gegen den Mitschurinismus entstehe.

Tatsächlich aber hatte gerade durch Lyssenkos Mitschurinismus die sowjetische Landwirtschaft einen ungeheuren Schaden erlitten. 1963 musste die Sowjetunion zum ersten Mal Getreide aus Kanada, USA und Australien importieren. Und dies war einer der hauptsächlichen Gründe für die Absetzung Chruschtschows als Sekretär des Zentralkomitees.

Damit war auch die Macht Lyssenkos gebrochen. Doch der Lyssenkoismus wurde nicht mit Gewalt eliminiert, das politische Klima hatte sich seit Stalin zu sehr verändert. Langsam wurden wieder die Lehrbücher umgeschrieben, langsam die leitenden Stellen an den Instituten umbesetzt, langsam solide Wissenschaftler als Herausgeber von Fachzeitschriften herangeholt. Lyssenko verlor einen nach dem andern seiner vielen Posten. Aber den auf Lebzeiten verliehenen Titel „Mitglied der Akademie der Wissenschaften" mit dem damit verbundenen guten Gehalt durfte er bis zu seinem Tode im Jahre 1976 behalten.

Den Abschluss der ganzen Affäre bildete zur richtigen Zeit wieder eine große Tagung: 1965 wurde der 100. Jahrestag der Veröffentlichung von Mendels Arbeit in seiner Heimatstadt Brünn in der damaligen Tschechoslowakei gefeiert. Hunderte von Wissenschaftlern aus aller Welt waren anwesend, und die Sowjetunion nahm mit einer Delegation von 70 Prominenten daran teil, die Mendel rehabilitierten, im üblichen Stil, postum, mit Kranzniederlegung vor dem Mendel-Denkmal und mit einer Gedenkminute für Vavilov und all die verfolgten und liquidierten *Drosophila*-Forscher.

48 Barbara McClintock

Barbara McClintock
Geboren am 16. Juni 1902 in Hartford (Connecticut, USA). Ab 1918 Studium der Zytologie und Genetik, Cornell University (Ithaka, New York). 1929 – 1935 Mitarbeit in der Cornell Maize Genetics Group bei R. A. Emerson. 1933 Rockefeller-Stipendiatin am Botanischen Institut der Universität Freiburg i. Br. Verließ Freiburg nach drei Monaten fluchtartig, als sie sah, was an der Universität und im Lande geschah. 1936 – 1941 Professorin an der University of Missouri. Ab 1942 Forschung zur Maisgenetik am Cold Spring Harbor Laboratory auf Long Island, New York. Nobelpreis 1983. Gestorben am 2. September 1992 in Huntington (New York).

Barbara McClintock war schon zu Lebzeiten eine Legende. Kam in einer Gesprächsrunde von Genetikern die Unterhaltung ins Stocken, brauchte man nur den Namen McClintock zu erwähnen, um für neuen Diskussionsstoff zu sorgen. Nicht dass irgendjemand genau wusste, was sie nun wirklich forschte, aber Geschichten über sie erzählen konnte man immer. Über ihre ungehaltene Reaktion, wenn jemand ihren Gedanken nur langsam folgen konnte. Über ihr Einsiedlerdasein in Cold Spring Harbor, nicht weit weg von New York, wo sie sich deutlich mehr um ihre Maisfelder kümmerte als um den eifrigen Wissenschaftsbetrieb ihrer Kollegen. Man konnte sich rühmen, McClintocks Arbeiten gelesen zu haben – und man konnte sich rühmen, dabei nichts verstanden zu haben. In den 1950er Jahren hatte sie ihre umfangreichen und überaus komplexen Kreuzungsergebnisse mit Mais in angesehenen Fachzeitschriften publiziert – ohne nennenswerte Reaktionen ihrer Kollegen. Schließlich gab sie die undankbare Arbeit auf, zu versuchen, Interesse für ihre Befunde zu wecken; sie publizierte nur noch in den Jahresberichten ihres Carnegie-Institutes, von denen man wusste, dass sie kaum gelesen werden. So vergingen an die 20 Jahre.

Dann aber, in den 1970er Jahren, war von den hohe Publicity-Wellen schlagenden Molekularbiologen und Bakteriengenetikern festgestellt worden, dass im Genom des Bakteriums *E. coli* genau definierte genetische Elemente (Gene?) zu finden waren, die ihre Position im Genom ändern konnten („springende Gene") und sich innerhalb eines Genoms sogar vermehrten. Außergewöhnliche Beachtung fanden z. B. Strukturen wie IS-1 oder IS-2, mit etwa 800 bzw. 1400 DNA-Basenpaaren, die sich in unterschiedliche Sequenzen des Bakteriengenoms einschleusen konnten und dabei natürlich die betroffenen Gene inaktivierten. Oder sie konnten ihre Position wieder verlassen – und damit die Funktion des Gens wiederherstellen. Diese Fähigkeit eines genetischen Segments, eines sogenannten Transposons, oder Insertionselementes, seine Position im Genom zu wechseln, war ein Verstoß gegen die allgemeine Ansicht, dass jedes Gen, jedes genetische Segment, einen bestimmten Platz im Genom einnimmt und dieser Ort unverändert von Generation zu Generation beibehalten wird. Diese Insertionselemente in Bakterien hatten aber nicht nur einen erkenntnistheoretischen Wert, sondern waren auch von überaus praktischer Bedeutung, denn es stellte sich heraus, dass sie die Vehikel waren, mit denen sich medizinisch wichtige Resistenzgene gegen Antibiotika in Bakterienpopulationen ausbreiten konnten.

Das Aufsehen, das bakterielle IS-Elemente erregten, blieb für McClintock nicht ohne Folgen, denn jetzt war die Zeit gekommen, solche springenden Gene auch in anderen Organismen zu beachten, z. B. beim Menschen und beim Mais.

Beim Mais! Plötzlich erinnerte man sich daran, dass Barbara McClintock schon vor Jahrzehnten solche springenden Strukturen im Maisgenom untersucht und beschrieben hatte. So gab es das DS-Element, einen genetischen Faktor (Gen wäre kein treffender Ausdruck), der seine Position im Maisgenom verändern konnte und dabei Translokationen verursachte, die wiederum zu Chromosomenbrüchen in der Mitose und einer Unzahl von Folgeeffekten führten (daher DS-Element: Dissociation). Und dann gab es unter anderen auch noch das A-Element, das ebenfalls mobil war und irgendwo in dem Genom präsent sein musste, damit das DS-Element in Erscheinung treten konnte (daher der Name: Activator).

McClintock hatte die Aktivität ihrer „springenden Gene" am Phänotyp der betroffenen Pflanzen verfolgt, hauptsächlich an der Färbung der Maiskörner. Denn wenn ein „springendes Gen" in ein Gen hineinsprang, das für die Pigmentierung eines Maiskorns notwendig war, zerschnitt es dieses Gen und zerstörte so seine Funktion; oder es sprang wieder weg und die Funktion war damit wiederhergestellt. Das äußerte sich z. B. in Form von gescheckten Maiskörnern, blassen mit roten Tüpfelchen, dunklen mit hellen Streifen, auch Kolben mit Körnern unterschiedlicher Farbe, obwohl diese alle hätten gleich sein sollen. Und McClintock, mit viel Liebe zu ihrem Mais, hatte Korn um Korn, Kreuzung um Kreuzung untersucht – jahrelang, allein, praktisch ohne Mitarbeiter und vor allem ohne ernsthaft beachtet zu werden. Jetzt aber war die Handvoll Genetiker, die versucht hatte, McClintocks Beobachtungen und ihre komplexen Deutungen nachzuvollziehen, begeistert von ihren analytischen Fähigkeiten, ihrer Genialität. Sie glaubten, McClintocks Arbeiten zu den „springenden Genen" endlich verstanden zu haben, und sie glaubten, dass diese Arbeiten den Nobelpreis verdienten, der ihr dann auch im Jahr 1983 im Alter von 81 Jahren zugesprochen wurde.

Aber hatte McClintock ihre eigenen Arbeiten richtig verstanden? Sie vermutete, dass die Funktion ihrer springenden Gene in der Regulation der Genexpression lag, dass die Expression des Phänotyps genetisch von ihren Elementen reguliert werde. Sie verglich sogar die Entfaltung des Phänotyps in ihrem System mit den Phänomenen der Genexpression im Operon-Modell von Jacob und Monod. Sie sah einen tieferen Sinn in der Funktion ihrer Elemente. Was aber ist der „Sinn" der roten Pünktchen auf einem sonst blassen Maiskorn?

Die springenden Gene konnten sich vermehren – das war eine lapidare Beobachtung. Wenn sich aber eine Struktur vermehren kann – dann kann sie sich vermehren, basta! Dann braucht sie nicht noch eine zusätzliche Funktion, eine für die Pflanze nützliche Funktion. Langsam verbreitete sich in den 1980er Jahren die eigentlich naheliegende Idee, es könnte sich bei den „springenden Genen" um genetische Parasiten handeln, so wie ja auch Viren als Parasiten auf genetischem Niveau fungieren können. Die Frage nach der Funktion der „springenden Gene" im Genom des Maises erübrigte sich. Was ist die Funktion der Flöhe im Pelz des Hundes?

War da aber noch etwas? Barbara McClintock hatte in den 1920er Jahren an der Cornell University Genetik und Botanik studiert, dann in Zytologie promoviert, weil zu jener Zeit Frauen keine Doktorarbeiten in Genetik anfertigen durften. Danach widmete sie sich der Zytogenetik und der Kreuzungsgenetik des Mais. Sie stellte fest, dass die durch Kreuzungsanalyse identifizierbaren Crossing-over den zytologisch zu beobachtenden Quiasmata (Schnittpunkte an den Chromosomen) entsprachen. Sie konnte die Individualität jedes einzelnen Chromosoms des Maises ($n = 10$)

belegen, und sie konnte genetische Koppelungsgruppen entsprechenden Chromosomen zuordnen. Es gelang ihr, Chromosomenanomalien mit phänotypisch und genetisch auffallenden Beobachtungen zu korrelieren. Sie hat in der Pionierzeit der klassischen Genetik wesentlich dazu beigetragen, die Chromosomentheorie der Vererbung zu festigen und zu beweisen. Was die Morgan-Schule an *Drosophila* zeigte, hat praktisch zeitgleich McClintock am Mais gezeigt. Während Morgan dafür 1933 den Nobelpreis erhielt, obwohl sein persönlicher Beitrag zu den gewürdigten Leistungen eher bescheiden war, muss man beachten, dass McClintock ganz alleine für ihre Versuche und Ideen verantwortlich war. Sie hätte damals schon den Nobelpreis verdient: für ihre frühen Arbeiten, die von allgemeingültiger, fundamentaler Bedeutung waren, vielleicht mehr als für ihre Beschreibung und fehlerhafte Deutung der skurrilen Phänomene, die beim Mais die farblichen Muster der Körner beeinflussen.

49 Lynn Margulis

Aufnahme: Jerry Bauer

Lynn Margulis
Geboren am 5. März 1938 als Lynn Alexander in Chicago. Mit 14 Jahren an die Universität Chicago (*early entrance program*). Studium der Biologie an der Universität Wisconsin; 1960 Master in Genetik und Zoologie. 1965 Ph.D. University of California at Berkeley. „Distinguished University Professor" an der University of Massachusetts, Amherst. Seit 1983 Mitglied der National Academy of Sciences, USA. Ist Mutter von vier Kindern; mit ihrem ersten Sohn, Dorion Sagan, hat sie eine Reihe von Fachbüchern verfasst.

Es ist hier noch mehr zur Zelltheorie zu sagen: Diese ist nämlich erst in allerjüngster Zeit, also mehr als ein Jahrhundert nach Schleiden, zu einem befriedigenden Bild herangereift. Die Symbiontentheorie zum Ursprung von wichtigen Zellorganellen wie Mitochondrien und Chloroplasten verdanken wir zu einem großen Teil einer Person: Lynn Margulis, Professorin für Biologie an der University of Massachusetts in Amherst.

Die klassische Genetik sah die genetische Information im Zellkern verankert und die neo-darwinistische Evolutionstheorie beschränkte sich auf den Mechanismus der Mutation, der den Zellkern betraf, und den der Selektion, die auf diesen Mutationen beruhte. Margulis sah das anders. Die Zellen höherer Organismen, die Eukaryotenzellen, seien nicht durch Mutation und Selektion entstanden, sondern durch Integration. Integriert wurden ursprünglich frei lebende Bakterien in das Protoplasma der Vorläufer der heutigen Eukaryoten. Diese Bakterien, die in der Lage waren, den Sauerstoff der Luft als Elektronenakzeptor für oxidative Stoffwechselprozesse zu benutzen, waren die Vorfahren der heutigen Mitochondrien. Vielleicht vor 2 Milliarden Jahren? Ihre neuartige Stoffwechselfähigkeit, die Sauerstoff-Veratmung, kam so ihren Wirtszellen zugute, und diese Wirtszellen lieferten den mitochondrialen Symbionten Schutz und möglicherweise auch die Vorteile der Meiose, der Sexualität. Eine ganz ähnliche Symbiose gelang auch bei der Integration einer ganz anderen Bakterienart, einer Verwandten der heutigen Cyanobakterien („Blaualgen"). In diesen Bakterien hatte sich der Photosynthese-Apparat entwickelt und ihre Integration in die eukaryotische Wirtszellen erlaubte es diesen, das Sonnenlicht als Energiequelle zu nutzen. Sie evolvierten zu den heutigen Pflanzen mit ihren Chloroplasten.

Margulis' Hypothese stieß auf Unverständnis und Ablehnung. Ihr erstes Manuskript wurde mehr als zehn Mal abgelehnt, bis es schließlich 1967 in einem eher obskuren wissenschaftlichen Journal veröffentlicht werden konnte. Heute ist die Symbionten-Theorie zum Ursprung von Mitochondrien und Chloroplasten durch Hunderte von Beobachtungen belegt und wird von fast allen Biologen als erwiesene Tatsache betrachtet. Margulis hat sich durchgesetzt; ihre Arbeiten werden heute als bedeutend in der Bibliothek des Amerikanischen Kongresses aufbewahrt.

Aber war es nötig, die Idee der Symbiose von biologischen Strukturen zu erweitern und in allem, im ganzen Weltgeschehen, eine monumentale Integration von einzelnen Strukturen zu einem sinnvollen Ganzen zu sehen? Musste Margulis wirklich die ganze Erde als einen einzigen, sich selbst regulierenden Riesenorganismus betrachten, in den wir alle integriert sind? Musste sie sich deswegen zu den mystischen Ideen von James Lovelock, zur Idee der Gaia bekennen?

50 Francis Crick

Francis Harry Compton Crick
Geboren am 8. Juni 1916 in Northampton, Midlands, England. Ab 1937 Studium der Physik und Mathematik, University College, London; dann Arbeiten für die Britische Kriegsmarine bis 1947. Weiteres Studium an der Universität Cambridge. 1949 – 1977 Forschung am Cavendish Laboratory, Cambridge. Ergründet 1953, zusammen mit James D. Watson, die Doppelhelix-Struktur der DNA. 1954 Promotion (Ph.D.), 1959 Fellow of the Royal Society. 1962, zusammen mit James Watson und Maurice Wilkins, Nobelpreis für Physiologie oder Medizin. Ab 1977 Distinguished Research Professor am Salk Institut for Biological Studies, La Jolla; zugleich Professor für Psychologie und Chemie an der University of California, San Diego. Gestorben 28. Juli 2004 in San Diego.

Das Gen der klassischen Genetik war eine Abstraktion. Es besaß unglaubliche Eigenschaften, für die keine materiellen Grundlagen vorstellbar waren. Es konnte sich selber verdoppeln. Obwohl über Jahrhunderte hinweg stabil, konnte es sich auch gelegentlich verändern (Mutation) und sich dann im veränderten Zustand weiter verdoppeln. Und vor allem konnte es einen Organismus dazu anregen, jeweils ein ganz bestimmtes Merkmal auszuprägen – bei einer potentiell unendlichen Fülle von Möglichkeiten. Hermann Muller hatte zwar 1927 gezeigt, dass Röntgenstrahlen Mutationen auslösen; das Gen war physikalisch zu beeinflussen und musste materieller Natur sein. Aber trotzdem blieb es im Wesentlichen eine Abstraktion und Genetiker hatten sich damit abgefunden, mit dieser Abstraktion zu operieren. Sie machten aus der Not eine Tugend und kokettierten mit der abstrakten Schönheit des Begriffs, weil jeder Versuch, seine materielle Natur zu ergründen, vermeintlich im Vorhinein zum Scheitern verurteilt war.

Steckten in den Vorgängen bei der Vererbung neue, unbekannte Naturgesetze, die nur in biologischen Systemen zur Geltung kamen und die es zu ergründen galt, bevor das Problem der Vererbung angepackt werden konnte? Physiker wie Niels Bohr, Max Delbrück und Erwin Schrödinger glaubten in den 1940er Jahren an diese Möglichkeit. Schrödinger ging sogar so weit, seinen Gedanken in einer kleinen Schrift „What is Life" freien Lauf zu lassen, und entwickelte dabei die Idee, Vererbung basiere auf der Weitergabe einer bestimmten Information, der Erbinformation. Diese sei verschlüsselt – ähnlich der Morseschrift – in einer Schrift, wobei die Symbole dieser Schrift sogenannte „Isomere Elemente" eines „aperiodischen Kristalls" darstellten. Schrödingers Ideen wurden von Biologen als völlig absurd ignoriert, aber viele Physiker, die nach dem Zweiten Weltkrieg unter einer beruflichen Malaise litten und sich nach neuen Betätigungsfeldern umsahen, nahmen Schrödingers vage Ideen mit Begeisterung auf.

Einer dieser Physiker war Francis Crick. Er wollte nach dem Krieg endlich seine Doktorarbeit schreiben, nachdem er zuvor Jahre im Britischen Marineministerium mit Rüstungsprojekten beschäftigt gewesen war. Seine Gedanken kreisten seit seiner Jugend um wissenschaftliche Themen. Für sein Elternhaus aus der Mittelklasse in Northampton, nördlich von London, war das nicht typisch – dort pflegte man eher eine religiöse Tradition, wenn auch nicht eine besonders ausgeprägte. Aber offenbar war sie stark genug, um in Francis eine Aversion gegen Vorstellungen mit übernatürlichem Inhalt hervorzurufen. In seinen Träumereien zu seiner zukünftigen Karriere plante er, etwas gegen irrationale Weltbilder zu unternehmen. Und da sah er, aufgrund der Lektüre von „What is Life", in der Biologie die besten Möglichkeiten. Denn eine auf der Wirkung bekannter Naturkräfte beruhende Deutung von Beobachtungen war in der Biologie nicht überall möglich, so dass irrationale Vorstellungen nicht immer wissenschaftlich widerlegbar waren. Crick sah insbesondere zwei Problemfelder: Das eine war der mysteriöse Mechanismus der Vererbung, das andere war das Problem des Bewusstseins, der höheren Funktionen des Gehirns. Einem dieser Forschungsfelder wollte er sich widmen. Nach einigen Überlegungen entschloss er sich fürs erste. Er landete im Cavendish Laboratory in Cambridge, wo er bei Max Perutz an der Röntgenstruktur-Analyse des Hämoglobins mitwirken sollte. Das hatte mit Vererbung nur sehr indirekt etwas zu tun, aber immerhin war Hämoglobin, der Sauerstoff-Träger des Blutes, ein Protein, und Proteine – das war damals der allgemeine Konsens – waren die erfolgversprechendsten Kandidaten für Schrödingers aperiodische Kristalle.

Eines Tages tauchte im Cavendish Laboratory ein junger Postdoc aus USA auf, James Watson. Crick erkannte im Neuankömmling bald „die erste Person, die die Probleme der Biologie auch so sah wie ich". Beide verstanden sich bestens und einigten sich auf ein abenteuerliches Projekt, nämlich die räumliche Struktur der DNA zu ergründen. Das konnte für das Verstehen der Vererbung nicht völlig ohne Bedeutung sein, denn schließlich war die DNA ein wesentlicher Bestandteil des Chromosoms. Nach wenigen Monaten war das Problem gelöst. Was vorher unvorstellbar war, nämlich ein plausibler Mechanismus für die materielle Grundlage der Vererbung, drängte sich jetzt förmlich auf. Die Doppelhelix, als sich selbst offenbarendes Molekül, machte es jedem Kind verständlich, wie die genetische Information gespeichert war: in der 4-Buchstaben-Schrift der Reihenfolge der vier heterozyklischen Basen Adenin, Thymin, Guanin und Cytosin, und auch wie diese Information von Generation zu Generation weitergeleitet wurde: durch die Trennung der DNA-Einzelstränge und die Synthese, für jeden Einzelstrang, eines neuen, zu ihm komplementären Stranges. „It has not escaped our notice that the specific pairing we have postulated immediately suggests a possible copying mechanism for the genetic material." Das ist alles, was Watson und Crick in ihrer Veröffentlichung in der Zeitschrift „Nature" am 25. April 1953 zu erwähnen brauchten, um eine neue Ära der Biologie einzuleiten (und ihnen 1962 zum Nobelpreis zu verhelfen).

War mit der Doppelhelix das Prinzip der Vererbung durchschaut? Ja und nein. Einerseits war nun klar, dass das Gen in der DNA eine im Prinzip gut verständliche, elegante und verblüffend einfache Struktur besitzt, die direkt auf die Funktion hindeutet – nicht so wie bei den Proteinen mit ihren unübersehbar vielfältigen und komplexen Formen. Andererseits musste aber noch geklärt werden, wie die DNA in den Stoffwechsel eingreift, wie die Übertragung der in der DNA gespeicherten Information in die Aminosäuresequenz der Proteine vonstatten geht. Der genetische Code, d. h. die Korrespondenz von DNA-Basen-Folgen mit Aminosäure-Folgen im Protein, musste ergründet werden. Der Mechanismus der Proteinsynthese am Ribosom war noch zu klären. Und die Prinzipien der Regulation der Aktivität der Gene – wann und wie wird ein Gen angeschaltet, wie ausgeschaltet? – mussten verstanden werden. Zur Lösung all dieser Probleme, in rasanter Folge in den 1960er-Jahren, hat Francis Crick Grundlegendes beigetragen. Alles war nun im Wesentlichen geklärt. Die Jahrhunderte währende Suche nach dem Geheimnis der Vererbung war zu

Ende – die phantastischen Vorstellungen über mysteriöse Mechanismen und über neue Naturgesetze waren verflogen – alles lässt sich erklären durch Wasserstoffbrücken: irgendwie doch phantastisch![*]

Natürlich waren jetzt noch endlose Einzelheiten – sehr wichtige und interessante Einzelheiten – zu erforschen. Doch diese Tätigkeit war in guten Händen: Tausende junger Forscher würden dafür sorgen, dass sich die Molekularbiologie zur Wissenschaft des 20. Jahrhunderts, sicherlich auch des 21. Jahrhunderts entwickelte. Aber Francis Crick wollte mit Einzelheiten nichts zu tun haben. Er hatte erkannt: Es ging alles mit rechten Dingen zu, die bekannten Naturkräfte reichten aus, um alle Vorgänge bei der Vererbung zu erklären; für ihn war das Problem gelöst.

Jetzt besann er sich auf das zweite Problem, das er in seiner Jugend als zentral erkannt hatte: die höheren Funktionen des Gehirns, das Problem des Bewusstseins. Mit ungebrochenem, jugendlichem Elan stürzte sich der 60-Jährige ohne viele Vorkenntnisse in die Neurobiologie – auf der Suche nach dem Wesen des Bewusstseins. Er erhielt dafür eine Professur am Salk Institut in San Diego und siedelte von Cambridge in den Süden Kaliforniens um. Bald erschütterte er die Hirnforschung mit neuen Ideen, vor allem in dem Sinne, dass er die Frage nach dem Wesen des Bewusstseins – der Seele, wenn man so will – unter Neurowissenschaftlern salonfähig machte. Er diskutierte viel mit Kollegen, er schrieb Bücher, er widmete sich intensiv diesem Thema für den Rest seines Lebens, 30 Jahre lang, mehr als er der Molekularbiologie gewidmet hatte – ohne dem Geheimnis des Bewusstseins auch nur eine Spur näher gekommen zu sein …

---

* Eine detaillierte Beschreibung der Entwicklung der Molekularbiologie findet sich in meinem Buch „… und wollten versuchen, das Leben zu verstehen … Betrachtungen zur Geschichte der Molekularbiologie", Wissenschaftliche Buchgesellschaft, Darmstadt, 1995.

51 ...und heute? Was bringt das 21. Jahrhundert?

Craig Venter (links) und Francis Collins (rechts) wurden im Juni 2000 von Präsident Clinton zur Sequenzierung des menschlichen Genoms beglückwünscht.

Francis Collins, geboren am 14. April 1950 auf einer abgelegenen Farm in Virginia, war Professor für Innere Medizin und Genetik an der University of Michigan, bevor er das Projekt der National Institutes of Health (NIH) zur Sequenzierung des menschlichen Genoms übernahm.

Craig Venter, geboren am 14. Oktober 1946 in Salt Lake City, war Surfer und Vietnam-Veteran, bevor er Medizin studierte, dann an den National Institutes of Health Gehirn-spezifische Gen-Produkte isolierte, sich dann aber mit zwei von ihm gegründeten Privatfirmen selbständig machte, um auf eigene Faust das menschliche Genom zu sequenzieren.

Im Gegensatz zu den Einzelforschern früherer Zeiten, zu den Dutzenden von Pionieren der 50er Jahre des letzten Jahrhunderts und zu den Hunderten von Forschern, die die grundlegenden Erkenntnisse der Molekulargenetik in den 60er Jahren erarbeiteten, waren es in den 70er Jahren deren Tausende, denen die interessanten Forschungsvorhaben auszugehen drohten. Neue, unerwartete Methoden halfen aus der Sackgasse: Die verblüffend einfachen Techniken der Genklonierung erlaubten nun mehr als nur das Beobachten und Beschreiben von genetischen Molekularprozessen – sie erlaubten, aktiv in solche Prozesse einzugreifen und sie zu gestalten. Schnell etablierte sich in den 80er Jahren eine neue Epoche: die der Gen-Technologie, gekennzeichnet durch das Eindringen wirtschaftlicher Interessen in das akademische Establishment. Menschliches Insulin, menschliches Wachstumshormon, z. B., konnte jetzt in Bakterien produziert und dann verkauft werden. Gentechnisch manipulierte Kulturpflanzen wie Mais und Soja waren resistent gegen Schädlinge. Kleine Gentech-Firmen, von Großkonzernen aufgekauft, verzeichneten bald Milliardenumsätze.

Doch neben ihrer wirtschaftlichen und politischen Bedeutung eröffnete die Gentechnik noch weitere Perspektiven: das Sequenzieren von DNA – die Reihenfolge der Basenbausteine in der DNA genau aufzuzählen. Als Sensation galt schon, dass die Sequenz von wenigen Tausend Bausteinen der DNA von einfachen Viren ab Ende der 70er Jahre entziffert werden konnte. Und es schien fast unglaublich, dass wenige Jahre danach auch die Basen-Sequenz der DNA von Bakterien mit ein paar Millionen von Bausteinen festlag. Aber der „Heilige Gral der Molekulargenetik" – wie dies von namhaften Forschern formuliert wurde – war die Basensequenz des menschlichen Genoms, mit etwa drei Milliarden Bausteinen. Was vor wenigen Jahren noch als prinzipiell unmöglich galt, rückte nun in den Bereich des Durchführbaren – wenn eine riesige Anstrengung von den Dimensionen eines Apollo-Projektes zur Landung auf dem Mond in Betracht gezogen werden könnte; das individuelle Dahinforschen der Pionierzeit war nicht mehr aktuell.

Das Department of Energy der USA (DOE), sonst eher verantwortlich für atomare Aufrüstung und für Kernkraft, dem aber als Folge des Endes des Kalten Krieges und der Anti-Kernkraft-Bewegung die Arbeit auszugehen drohte, entwickelte ein riesiges Programm zur industriemäßigen Sequenzierung der 46 Chromosomen des menschlichen Genoms. Daraufhin konnten die National Institutes of Health (NIH) – für derartige Projekte eher zuständig – es nicht unterlassen, sich vom Kongress Hunderte von Millionen Dollar zu besorgen, um ein ähnliches Projekt zu starten, das bald zu einer internationalen Mitarbeit (HUGO, Human Genome Organisation) führte. Die Idee war, zuerst die menschliche DNA durch Behandlung mit sogenannten Restriktions-Enzymen in Tausende von genau definierten Fragmenten zu zerlegen, diese dann wie ein Puzzle zu einer sogenannten Chromosomen-Karte zusammenzufügen und dann einzeln zu sequenzieren. Das Projekt wurde geleitet von Francis Collins, einem Mediziner der University of Michigan, der bereits einige wichtige Gene für Erbkrankheiten kartiert, d. h. auf einem bestimmten Chromosom lokalisiert hatte. Die Fortschritte waren deutlich erkennbar, solide, wenn auch sehr langsam.

Sand ins Getriebe von HUGO wurde nun durch einen Außenseiter gestreut: Craig Venter, einem Vietnamkrieg-Veteranen auf der Suche nach einer neuen Herausforderung. Venter glaubte erkannt zu haben, dass auf die aufwändige Kartierung von genau definierten DNA-Fragmenten verzichtet werden könne. Stattdessen könnten zufallsmäßig durch bloßes Scheren (Schütteln) der DNA hergestellte Fragmente sequenziert werden und die Festlegung der Reihenfolge dieser Fragmente auf den Chromosomen einem Rechner überlassen werden, der nach überlappenden Sequenzen in diesen Fragmenten suchen würde. Venter – zuerst auch bei NIH tätig – gründete eine Firma mit Geld von Spekulanten (Venture Capital), kaufte einige Hundert Sequenziermaschinen zu einigen Hunderttausend Dollar das Stück – die im Prinzip sehr einfache Sequenziertechnik eignet sich ideal zur Vollautomatisierung – und schickte die Millionen Sequenzen durch seine schnellen Rechner. Bald würde das menschliche Genom entziffert sein, wenigstens auf eine provisorische Art, denn bei einer Unzahl von Ungenauigkeiten und Lücken würde man ein Auge zudrücken.

Die Mitarbeiter des internationalen HUGO-Programms waren entsetzt ob dieser Einstellung, mussten aber Venters Herausforderung annehmen, denn ihre Fortschritte waren langsamer als geplant, nach Jahren harter Arbeit waren 1996 erst wenige Prozente des Genoms sequenziert. HUGOs Genauigkeits-Standards mussten heruntergeschraubt werden, anstatt 99,99 % Genauigkeit würden zehn Mal mehr Fehler (praktisch ein Fehler in jedem Gen) auch ausreichen … Aber es nützte nichts – Venters brutale Shotgun-Methode würde noch vor dem Jahr 2000 die gesamte Sequenz ergeben, zu einem Bruchteil der Kosten von HUGO.

Das erbarmungslose Rennen, mit endlosen Querelen über Qualitäts-Standards, Patente und Zugang zu Daten, vergiftete zusehends die Stimmung unter den Wissenschaftern und führte zu persönlichen Abneigungen. Vermittler waren gefragt, wie z. B. Ari Patrinos vom DOE, wo ursprünglich die milliardenträchtige Sequenzierwut ihren Anfang genommen hatte, der jetzt aber neutral war in der Kontroverse zwischen Venter und Collins. Ein Waffenstillstand kam zustande und es wurde vereinbart, beide Sequenzen zum gleichen Zeitpunkt zu publizieren. Zu diesem Ereignis wurden Collins und Venter in einer pompösen Zeremonie im Juni des Jahres 2000 vom Präsidenten Clinton beglückwünscht. Das 20. Jahrhundert gehörte nun der Vergangenheit an.

Was aber ist von der Zukunft zu erwarten? Die Hauptarbeit steht noch bevor. Denn das bloße Aufzählen der Sequenz der Bausteine einer DNA ist völlig wertlos, und es ist ein Etikettenschwindel zu behaupten, das menschliche Genom sei jetzt entziffert. Jedes einzelne der etwa 30 000 Gene müsste im Hinblick auf seine Funktion ergründet werden, Millionen von Bausteinen, die keine Gene codieren, müssten auf mögliche andere Funktionen, z. B. bei der Regulation der Genaktivität, geprüft werden. Oder sind viele – sogar die große Mehrzahl – der Sequenzen parasitär? Ohne jede Funktion? Ein Heer von Forschern wird sich für Jahrzehnte mit diesen Fragen beschäftigen. Wie der Nobelpreisträger Sidney Brenner nur halb im Spaß bemerkte, müsste für diese 30 000 Gene je eine eigene Universitätsprofessur geplant werden.

Doch Craig Venter wird nicht einer von diesen Professoren sein. Er hat im Mega-Sequenzieren seine Berufung gefunden. Und was lässt sich alles sequenzieren? Die naheliegenden Objekte wie unsere nächsten Verwandten, Schimpanse und Gorilla, werden bereits sequenziert, auch Maus und Hund und Rind, um nur einige zu nennen, auch mehrere Pflanzen, wie Reis und Mais, sind in besten Händen. Doch auch im Zeitalter der Mega-Projekte mit Dutzenden, ja Hunderten von Mitarbeitern, ist Platz für Individualisten wie Craig. Er kaufte sich eine Yacht und durchkreuzt die Weltmeere, um alle paar Hundert Kilometer Wasserproben zu entnehmen, diese zu filtrieren und das Filtrat zu sequenzieren. Dabei ergaben sich DNA-Sequenzen von tausenderlei Mikroorganismen, die einzeln gar nicht identifizierbar und größtenteils unbekannt sind.

Die meisten Zeitgenossen werden es noch erleben, wie die Genome von Tausenden von Lebewesen genau sequenziert sind. Aber selbst Enthusiasten des megalomanen Sequenzierens und Analysierens werden eingestehen müssen, dass unser Erkennen und Verstehen von Lebensprozessen nicht proportional zum Umfang der gesammelten Daten zunimmt. Die ewige Kontroverse um die Frage der Willensfreiheit, z. B., wird mittels noch so vieler neuen Daten kein Ende nehmen – wie Francis Collins gläubig bemerkte: Der freie Wille wird durch die Sequenz nicht tangiert.

Was bringt das 21. Jahrhundert? Wenn man bedenkt, dass selbst in den 70er Jahren, zu einer Zeit, als alle wesentlichen Aspekte der Molekulargenetik bereits ergründet waren, die Entwicklung der Gentechnologie nicht vorausgesagt werden konnte, ist Vorsicht geboten, wenn wir die kommenden Jahrzehnte betrachten. Doch folgender Aspekt drängt sich auf: Die fundamentale Einsicht, dass genetisch festgelegte, informationstragende Makromoleküle mit ihren Wechselwirkungen die Triebfeder aller Lebensprozesse sind, ist eine Erkenntnis des letzten Jahrhunderts. Obwohl der Ergründung von immer subtileren Einzelheiten dieses Prinzips keine Grenzen gesetzt sind, wird keine noch so umfassende Analyse biologischer Systeme an diesem Prinzip etwas ändern. Es werden keine grundlegend neue Aspekte mehr auftauchen und diese werden auch gar nicht benötigt, um alle genetisch gesteuerten Prozesse zu verstehen. Es ist dies eine immense, jedoch im Prinzip begrenzte Zahl von Prozessen. So ist z. B. das Differenzierungspotential von embryonalen Stammzellen enorm, jedoch begrenzt. Und wenn die Wissenschaft der Zukunft es fertigbringt, neue Nieren und Lebern im Reagenzglas als Ersatz für defekte Organe zu produzieren, so wird dieses Potential voll unter Kontrolle sein.

Die bisherigen Fortschritte sind jedoch sehr bescheiden – die Stammzellforschung wird hauptsächlich durch Vorschusslorbeeren belebt. Denn, obwohl wir die grundlegenden Prinzipien verstehen, sind die technischen Schwierigkeiten, biologische Prozesse zu kontrollieren und zu lenken, enorm und aus unserer Sicht oft unüberbrückbar. Trotz genauer genetischer Einsicht werden die meisten Erbkrankheiten unheilbar bleiben. Krebs wird aufgrund besserer Erkennung der genetischen Ursachen in vielen Fällen vermeidbar oder gar heilbar werden, aber die Anzahl der Krebsfälle wird sich nicht wesentlich ändern. Die allgemeine Lebenserwartung, die in den Jahrzehnten des letzten Jahrhunderts sich etwa verdoppelt hat, wird im 21. Jahrhundert an eine Obergrenze von vielleicht 95 Jahren stoßen, wobei die zusätzlichen Jahre nicht die besten des Lebens sein werden. Diese Obergrenze ist biologisch bedingt und nicht beeinflussbar, so wie es auch die Dauer einer Schwangerschaft nicht ist…

Zusammenfassend lässt sich erkennen, dass in Zukunft mit immer mehr Forschungsaufwand immer weniger Fortschritte erreicht werden können, da die einfachen Probleme als erste angegangen und gelöst werden. Steht möglicherweise eine Ära bevor, in der der immense Aufwand sich einfach nicht mehr lohnt, um einen in jeder Hinsicht minimalen, ja vernachlässigbaren Fortschritt zu erzielen?

Nachdem der amerikanische Philosoph und Politikwissenschaftler Francis Fukuyama 1992 in einem Aufsehen erregenden Buch für eine zukünftige friedliche Welt das Ende der Geschichte im politischen Sinne prophezeite, können auch wir in der Biologie das Ende ihrer Geschichte für das 21. Jahrhundert voraussagen.

Epilog

Über Jahrhunderte hinweg haben Denker und Experimentatoren auf der Suche nach den Mechanismen, die der Generationenfolge der Lebewesen zu Grunde liegen, quälende Fragen gestellt, doch eine Antwort blieb ihnen versagt.

In der zweiten Hälfte des 19. Jahrhunderts brachte Darwins Evolutionstheorie einen wichtigen Fortschritt. Sein Werk „The origin of species" eröffnete 1859 die Einsicht, dass die Entwicklung der Lebewesen ein „natürliches" Phänomen ist, ohne dass ein allmächtiges Wesen immer wieder eingreifen musste, um die Evolution zu planen und zu lenken. Und die klassische Genetik hat in der ersten Hälfte des 20. Jahrhunderts gezeigt, dass der abstrakte Genbegriff genügte, um die Regeln der Vererbung biologischer Merkmale zu beschreiben. Schließlich hat die Molekularbiologie in der zweiten Hälfte des letzten Jahrhunderts die chemischen Grundlagen der Vererbung, des Lebens überhaupt, in ungeahnten Einzelheiten aufgeklärt.

Die Suche nach der „Wahrheit", die in der Vergangenheit oft so leidenschaftlich betrieben wurde, ist abgeschlossen: Protein-Nukleinsäure-Wechselwirkungen, Enzymaktivitäten, erklären alles. Die „Wahrheit" ist fest etabliert; es sind alleine die uns bekannten, unveränderlichen, blinden Naturgesetze, die das Weltgeschehen bestimmen, auch in der Biologie. Nach den ersten Ursachen, nach der Begründung für diese Gesetze zu fragen ist sinnlos.

Doch diese „Wahrheit", jetzt wo sie vor uns liegt, interessiert die wenigsten. Die Suche nach einer „frohen Botschaft", so illusorisch sie auch sein mag, Sekten, Ideologien, Aberglaube, Mythen, Esoterik, die pure Frivolität, sind heute immer noch genauso verbreitet und gesellschaftlich bedeutend wie vor fast 3000 Jahren. Was hätte Thales, was hätte Anaximander dazu gesagt?

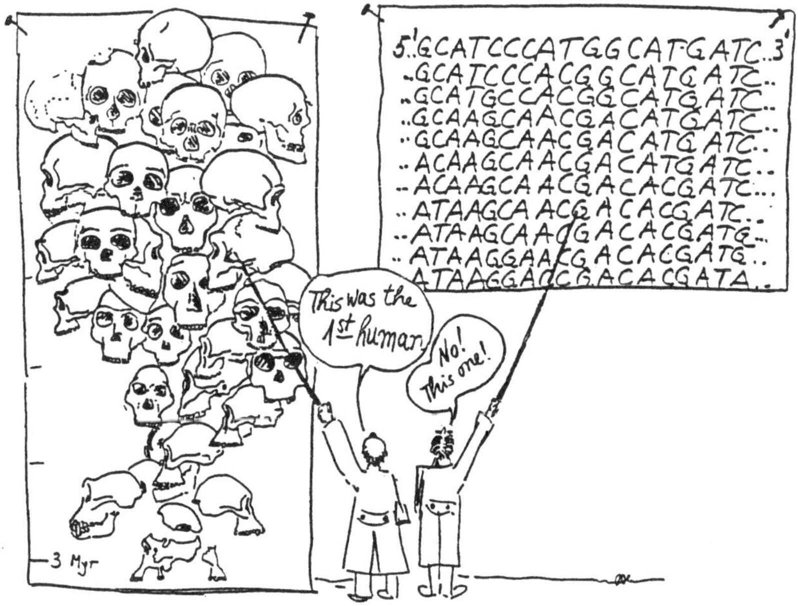
3 Myr
5'..GCATCCCATGGCATGATC..3'
..GCATCCCACGGCATGATC..
..GCATGCCACGGCATGATC..
..GCAAGCAACGACATGATC..
..GCAAGCAACGACATGATC..
..ACAAGCAACGACATGATC..
..ACAAGCAACGACACGATC...
..ATAAGCAACGACACGATC..
..ATAAGCAACGACACGATG..
..ATAAGGAACGACACGATG..
ATAAGGACCGACACGATA..
This was the 1st human
No! This one!

Quellen und weiterführende Literatur

Es werden nur die wichtigsten Schriften aufgeführt. Informationen stammen auch aus Reviews in Fachzeitschriften, Zeitungsartikeln und aus dem Internet.

Allen, G. Life science in the twentieth century. Cambridge Univ. Press, Cambridge 1985

Almquist, E. Große Biologen. Eine Geschichte der Biologie und ihrer Erforscher. Lehmann, München 1931

Asimov, I. Asimov's biographical encyclopedia of science and technology. Double day, N. York 1972

Carlson, E. A. The gene: a critical history. Saunders, Philadelphia 1966

Coleman, W. Biology in the nineteenth century. Problems of form, function and transformation. Cambridge Univ. Press, Cambridge 1977

Crick, F. What mad pursuit. A personal view of scientific discovery. Basic Books, N. York 1988

Debus, A. G. Man and nature in the renaissance. Cambridge Univ. Press, Cambridge 1984

Dunn, L. C. A short history of genetics. The development of some of the main lines of thought: 1864–1939. McGraw-Hill, N. York 1965

Howald, E. Die Anfänge der abendländischen Philosophie. Artemis, Zürich 1949

Jahn, I. (Hrsg.) Geschichte der Biologie. Theorien, Methoden, Institutionen, Kurzbiographien. Spektrum Akad. Verlag, Heidelberg 1998

Jahn, I. (Hrsg.) Darwin & Co. Eine Geschichte der Biologie in Portraits, Band I u. II. C. H. Beck, München 2001

Kropotkin, P. Memoiren eines Revolutionärs, R. Lutz, Stuttgart 1900

Kropotkin, P. Ethik. I. Ursprung und Entwicklung der Sittlichkeit. Verlag der Syndikalisten, Berlin 1923

Long, A. A. (Hrsg.) Frühe griechische Philosophie. Von Thales bis zu den Sophisten. Metzler, Stuttgart 2001

Locy, W. A. Die Biologie und ihre Schöpfer, Gustav Fischer, Jena 1915

Mägdefrau, K. Geschichte der Botanik. Leben und Leistung großer Forscher. Gustav Fischer, Stuttgart 1973

Magner, L. N. A history of the life sciences. Marcel Dekker, N. York 1979

Medwedew, Z. A. The rise and fall of T. D. Lysenko. Columbia University Press, N. York 1969

Nordenskjöld, E. The history of biology. Tudor, N. York 1936

Olby, R. C. Origins of Mendelism, Constable, London 1966

Olby, R. C., Cantor, G. W., Christie, J. R. R. and Hodge, H. J. S. (eds.) Companion to the history of modern science. Routledge, London 1990

O'Leary, D. How greek science passed to the arabs. Routledge & Kegan Paul, London 1980

Quammen, D. The song of the dodo. Island biogeography in an age of extinction. Touchstone, N. York 1996 (interessante Schilderung zu A. R. Wallace)

Rádl, E. Geschichte der biologischen Theorien in der Neuzeit. W. Engelmann, Leipzig 1913; neu: Georg Olms, N. York 1970

Roe, S. A. Matter, life, and generation. 18th century embryology and the Haller-Wolff debate. Cambridge Univ. Press, Cambridge 1981

Stubbe, H. Kurze Geschichte der Genetik bis zur Wiederentdeckung der Vererbungsregeln Gregor Mendels. VEB Gustav Fischer, Jena 1963

Taylor, G. R. The science of life. McGraw-Hill, N. York 1963

Westfall, R. S. The construction of modern science: mechanisms and mechanics. Wiley & Sons, N. York 1971

Williams, T. (ed.) Biographical dictionary of scientists. HarperCollins, Glasgow 1994

Bildnachweise

Frontispiz Seite 5: Gordon Rattray Taylor, *The Science of Life. A Picture History of Biology*, New York/Toronto (McGraw-Hill) 1963, Seite 10.

Frontispiz Seite 6: Bild des Autors.

Abb. Seite 11: Ernst Howald, *Die Anfänge der abendländischen Philosophie*, Zürich (Artemis) 1949, ggb. Seite 4.

Abb. Seite 12: Ernst Howald, *Die Anfänge der abendländischen Philosophie*, Zürich (Artemis) 1949, ggb. Seite 5.

Abb. Seite 15: Hans Stubbe, *Kurze Geschichte der Genetik bis zur Wiederentdeckung der Vererbungsregeln Gregor Mendels*, Jena (Gustav Fischer Verlag) 1963, Seite 9.

Abb. Seite 16: Ernst Almquist, *Große Biologen. Eine Geschichte der Biologie und ihrer Erforscher*, München (J. F. Lehmanns) 1931, Seite 119.

Abb. Seite 23: Karl Mägdefrau, *Geschichte der Botanik. Leben und Leistung großer Forscher*, Stuttgart (Gustav Fischer) 1973, Seite 5.

Abb. Seite 26: William A. Locy, *Die Biologie und ihre Schöpfer*, autorisierte Übersetzung der 2. amerikanischen Auflage von E. Nitardy, Jena (Gustav Fischer), 1915, Seite 21.

Abb. Seite 28: Rekonstruktion nach dem Schädel Ibn Sinas (Avicenna), akg-images/RIA Nowosti 1970.

Abb. Seite 30: Hans Stubbe, *Kurze Geschichte der Genetik bis zur Wiederentdeckung der Vererbungsregeln Gregor Mendels*, Jena (Gustav Fischer Verlag) 1963, Seite 52.

Abb. Seite 32: picture alliance/akg-images.

Abb. Seite 33: picture-alliance/maxppp; © Costa/Leemage (Royal Collection © 2008) (Her Majesty Queen Elisabeth II).

Abb. Seite 35: Erik Nordenskjöld, *The History of Biology. A Survey*, 2. Auflage, New York (Tudor) 1936, Seite 133.

Abb. Seite 38: picture-alliance/maxppp.

Abb. Seite 39: Allen G. Debus, *Man and Nature in the Renaissance*, Cambridge (Cambridge University Press), Seite 108.

Abb. Seite 40: Ernst Almquist, *Große Biologen. Eine Geschichte der Biologie und ihrer Erforscher*, München (J. F. Lehmanns) 1931, ggb. Seite 9.

Abb. Seite 42: Lois N. Magner, A History of the Life Sciences, New York/Basel (Marcel Dekker) 1979, Seite 119.

Abb. Seite 43: William A. Locy, *Die Biologie und ihre Schöpfer*, autorisierte Übersetzung der 2. amerikanischen Auflage von E. Nitardy, Jena (Gustav Fischer), 1915, Seite 231.

Abb. Seite 45: Erik Nordenskjöld, *The History of Biology. A Survey*, 2. Auflage, New York (Tudor) 1936, Seite 190.

Abb. Seite 47: William A. Locy, *Die Biologie und ihre Schöpfer*, autorisierte Übersetzung der 2. amerikanischen Auflage von E. Nitardy, Jena (Gustav Fischer), 1915, Seite 67.

Abb. Seite 48: Acta Ciba No. 6 (Rio de Janeiro) 1938, Titelbild.

Abb. Seite 50: Shirley A. Roe, *Matter, Life, and Generation*, Cambridge (Cambridge University Press) 1981, Seite 11.

Abb. Seite 51: Hans Stubbe, *Kurze Geschichte der Genetik bis zur Wiederentdeckung der Vererbungsregeln Gregor Mendels*, Jena (Gustav Fischer Verlag) 1963, Seite 62.

Abb. Seite 54: Shirley A. Roe, *Matter, Life, and Generation*, Cambridge (Cambridge University Press) 1981, Seite 47.

Abb. Seite 57: R. J. Camerarius, *Ueber das Geschlecht der Pflanzen*, übersetzt und herausgegeben von M. Möbius, Leipzig (Wilhelm Engelmann) 1899 (=Ostwald's Klassiker der exakten Wissenschaften Nr. 105), Frontispiz.

Abb. Seite 59: Robert C. Olby, *Origins of Mendelism*, London (Constable) 1966, ggb. 32.

Abb. Seite 62: Ernst Almquist, *Große Biologen. Eine Geschichte der Biologie und ihrer Erforscher*, München (J. F. Lehmanns) 1931, Seite 16.

Abb. Seite 65: Erik Nordenskjöld, *The History of Biology. A Survey*, 2. Auflage, New York (Tudor) 1936, ggb. 370.

Abb. Seite 67: William A. Locy, *Die Biologie und ihre Schöpfer*, autorisierte Übersetzung der 2. amerikanischen Auflage von E. Nitardy, Jena (Gustav Fischer), 1915, Seite 353.

Abb. Seite 70: Il Museo di Lazarro Spallanzani 1771 – 1799. Catalogo della Mostra, hg. v. Clementina Rovati und Paolo Galeotti, Pavia 1999, Seite 22.

Abb. Seite 73: Erik Nordenskjöld, *The History of Biology. A Survey*, 2. Auflage, New York (Tudor) 1936, ggb. 286.

Abb. Seite 74: Warka-Vase, Archiv des Autors.

Abb. Seite 76: a) Hans Stubbe, *Kurze Geschichte der Genetik bis zur Wiederentdeckung der Vererbungsregeln Gregor Mendels*, Jena (Gustav Fischer Verlag) 1963, Seite 118. b) Ernst Almquist, *Große Biologen. Eine Geschichte der Biologie und ihrer Erforscher*, München (J. F. Lehmanns) 1931, ggb. 80.

Abb. Seite 82: *Unesco Kurier* Nr. 5 (1982), 23. Jahrgang, Seite 9.

Abb. Seite 86: Fürst Peter Kropotkin, *Memoiren eines Revolutionärs*, Bd. 2, Stuttgart (Robert Lutz) 1900, Frontispiz.

Abb. Seite 88: Ernst Almquist, *Große Biologen. Eine Geschichte der Biologie und ihrer Erforscher*, München (J. F. Lehmanns) 1931, ggb. 40.

Abb. Seite 91: Hans Stubbe, *Kurze Geschichte der Genetik bis zur Wiederentdeckung der Vererbungsregeln Gregor Mendels*, Jena (Gustav Fischer Verlag) 1963, Seite 92.

Abb. Seite 95: *Iconographias Mendeliana*, herausgegeben vom Mährischen Landesmuseum Brünn, Brünn 1965, Seite 43.

Abb. Seite 102: Ernst Almquist, *Große Biologen. Eine Geschichte der Biologie und ihrer Erforscher*, München (J. F. Lehmanns) 1931, ggb. 49.

Abb. Seite 108: Ernst Almquist, *Große Biologen. Eine Geschichte der Biologie und ihrer Erforscher*, München (J. F. Lehmanns) 1931, ggb. 64.

Abb. Seite 111: Hans Stubbe, *Kurze Geschichte der Genetik bis zur Wiederentdeckung der Vererbungsregeln Gregor Mendels*, Jena (Gustav Fischer Verlag) 1963, Seite 181.

Abb. Seite 113: Ernst Almquist, *Große Biologen. Eine Geschichte der Biologie und ihrer Erforscher*, München (J. F. Lehmanns) 1931, ggb. 111.

Abb. Seite 114: Zeichnung des Verfassers, Archiv des Autors.

Abb. Seite 117: *Genetics* 133 (April 1993), Seite 751.

Abb. Seite 122: *Der Züchter* 20 (1950), Heft 5/6, Seite 9.

Abb. Seite 125: *Ann. Rev. Genet.* 4 (1970).

Abb. Seite 127: *Acta Ciba* 6 (1938), Seite 196.

Abb. Seite 128: *Ann. Rev. Genet.* 1 (1967).

Abb. Seite 130: Zhors A. Medvedev, *The Rise and Fall of T. D. Lyssenko*, New York/London (Columbia University Press), Seite 26.

Abb. Seite 138: *Ann. Rev. Genet.* 27 (1993).

Abb. Seite 142: Archiv des Autors.

Abb. Seite 144: Francis Crick, *What Mad Pursuit. A Personal View of Scientific Discovery*, New York (Basic Books), Seite 112.

Abb. Seite 148: picture-alliance/dpa

Abb. Seite 154: Bild des Autors.

Danksagung

Ich danke allen meinen Freunden, Kollegen, Bekannten und meiner Familie, die dazu beigetragen haben, die Vollendung dieser Schrift zu ermöglichen. Ich will niemanden namentlich nennen, sonst müsste ich eine sehr lange Liste aufstellen und würde trotzdem den einen oder die andere vergessen.

Der Mensch ist ein soziales Wesen und lebt eingebettet in seiner sozialen Umwelt, die seine Interessen und Leistungen mitbestimmt. In dieser Hinsicht lebte ich in den 30 Jahren am Institut für Biologie 3 der Universität Freiburg im Breisgau in einer privilegierten Umwelt; besonders motiviert haben mich da die jungen Studierenden, auch wenn es immer nur eine Handvoll war, die ein spontanes und intensives Interesse an geschichtlichen Themen zeigten, die aber damit den entscheidenden Anstoß gaben zur Verfassung dieses Buches.